"十四五"职业教育国家规划教材

职业教育计算机类专业系列教材

湖南省职业教育优秀教材

3D打印技术实训教程

主　编　涂承刚　王婷婷

副主编　刘　立　唐之浪

参　编　袁　红　周　婷　徐修冬　薛　瑞

U0218158

机械工业出版社

本书以3DDP-Ⅲ打印机为蓝本，从实际应用出发，充分考虑职业院校学生的学习特点，精心规划教学内容。内容言简意赅、图文并茂、通俗易懂。

本书共3篇，其中，第1篇为3D打印技术概述，第2篇介绍3D打印实训，第3篇介绍3D打印机的安装与维护。

本书适合作为各类职业院校机电一体化、3D打印技术等专业的教材，也适合从事3D打印技术应用开发、调试、现场维护的工程技术人员学习和参考。

本书配套微课视频（扫描书中二维码免费观看），通过信息化教学手段，将纸质教材与课程资源有机结合，成为丰富的"互联网＋"智慧教材。

本书还配有电子课件，选用本书作为教材的教师可登录机械工业出版社教育服务网（www.cmpedu.com）免费注册后下载，或联系编辑（010-88379194）咨询。

图书在版编目（CIP）数据

3D打印技术实训教程/涂承刚，王婷婷主编．—北京：
机械工业出版社，2019.2（2025.1重印）
职业教育计算机类专业系列教材

ISBN 978-7-111-61641-2

Ⅰ．①3… Ⅱ．①涂… ②王… Ⅲ．①立体印刷—印刷术—职业教育
—教材 Ⅳ．①TS853

中国版本图书馆CIP数据核字（2019）第025309号

机械工业出版社（北京市百万庄大街22号 邮政编码100037）
策划编辑：李绍坤 责任编辑：李绍坤
责任校对：马立婷 封面设计：鞠 杨
责任印制：李 昂
北京捷迅佳彩印刷有限公司印刷

2025年1月第1版第16次印刷
184mm×260mm·8.5印张·199千字
标准书号：ISBN 978-7-111-61641-2
定价：28.00元

电话服务   网络服务

客服电话：010-88361066   机 工 官 网：www.cmpbook.com
        010-88379833   机 工 官 博：weibo.com/cmp1952
        010-68326294   金 书 网：www.golden-book.com
封底无防伪标均为盗版   机工教育服务网：www.cmpedu.com

关于"十四五"职业教育
国家规划教材的出版说明

为贯彻落实《中共中央关于认真学习宣传贯彻党的二十大精神的决定》《习近平新时代中国特色社会主义思想进课程教材指南》《职业院校教材管理办法》等文件精神，机械工业出版社与教材编写团队一道，认真执行思政内容进教材、进课堂、进头脑要求，尊重教育规律，遵循学科特点，对教材内容进行了更新，着力落实以下要求：

1. 提升教材铸魂育人功能，培育、践行社会主义核心价值观，教育引导学生树立共产主义远大理想和中国特色社会主义共同理想，坚定"四个自信"，厚植爱国主义情怀，把爱国情、强国志、报国行自觉融入建设社会主义现代化强国、实现中华民族伟大复兴的奋斗之中。同时，弘扬中华优秀传统文化，深入开展宪法法治教育。

2. 注重科学思维方法训练和科学伦理教育，培养学生探索未知、追求真理、勇攀科学高峰的责任感和使命感；强化学生工程伦理教育，培养学生精益求精的大国工匠精神，激发学生科技报国的家国情怀和使命担当。加快构建中国特色哲学社会科学学科体系、学术体系、话语体系。帮助学生了解相关专业和行业领域的国家战略、法律法规和相关政策，引导学生深入社会实践、关注现实问题，培育学生经世济民、诚信服务、德法兼修的职业素养。

3. 教育引导学生深刻理解并自觉实践各行业的职业精神、职业规范，增强职业责任感，培养遵纪守法、爱岗敬业、无私奉献、诚实守信、公道办事、开拓创新的职业品格和行为习惯。

在此基础上，及时更新教材知识内容，体现产业发展的新技术、新工艺、新规范、新标准。加强教材数字化建设，丰富配套资源，形成可听、可视、可练、可互动的融媒体教材。

教材建设需要各方的共同努力，也欢迎相关教材使用院校的师生及时反馈意见和建议，我们将认真组织力量进行研究，在后续重印及再版时吸纳改进，不断推动高质量教材出版。

机械工业出版社

前言
PREFACE

3D打印技术是CAD技术、数据处理、数控、测试传感、激光等多种机械电子技术以及材料科学、计算机软件科学的综合高科技技术。党的二十大报告提出"我们要坚持教育优先发展、科技自立自强、人才引领驱动，加快建设教育强国、科技强国、人才强国"。我国的 3D 打印设备及技术研究正在不断推进，自主研发的配套材料也在不断完善，急需培养更多相关领域的科技人才。

本书以3DDP-Ⅲ打印机为蓝本，从实际应用出发，充分考虑职业院校学生的学习特点，精心规划教学内容。内容言简意赅、图文并茂、通俗易懂。全书共3篇，其中，第1篇为3D打印技术概述，第2篇介绍3D打印实训，第3篇介绍3D打印机的安装与维护。本书帮助学生能够在短时间内掌握3D打印技术的实际应用技术，开阔视野，激发学生的学习兴趣。

本书由常德财经中等专业学校与深圳国泰安教育技术有限公司共同编写。常德财经中等专业学校涂承刚和王婷婷担任主编，常德财经中等专业学校刘立和唐之浪担任副主编，深圳国泰安教育技术有限公司袁红、周婷、徐修冬和薛瑞参加编写。

由于编者水平有限，书中难免有错漏之处，恳请各位读者批评指正，提出宝贵的意见，不胜感激！

编　者

二维码索引

序号	实训名称	图形	页码
1	基础篇		2
2	实训1　打印家务骰子		24
3	实训2　打印扳手		38
4	实训3　打印齿轮		49
5	实训4　打印蜗杆		56
6	实训5　打印六角头螺栓和六角螺母		66
7	实训6　打印支架		77
8	实训7　打印肥皂盒		88
9	实训8-1　打印玫瑰花		100
10	实训8-2　打印玫瑰花		100

目 录
CONTENTS

第1篇　基础篇

（3D打印技术概述）

3D打印技术，诞生于20世纪80年代后期，是基于离散堆积原理的一种新兴制造技术。与传统制造技术不同，3D打印技术依据计算机指令，通过层层堆积原材料制造产品，变传统加工业的"去除法"为"增长法"，因此，又被称为增材制造技术。从产品的有模制造到无模制造，3D打印技术为制造业带来革命性的意义，被认为是制造领域的一个重大成果。

作为一门交叉学科，3D打印技术集机械工程、CAD、逆向工程技术、分层制造技术、数控技术、材料科学、激光技术于一身，其应用领域非常广泛。从工业造型、机械制造、航天航空到医学、考古、文化艺术、雕刻、首饰等领域，3D打印技术已逐渐成为了产品快速制造强有力的手段。但是，从目前3D打印技术的研究和应用现状来看，它仍然面临来自技术本身的发展限制。因此，只有突破3D打印技术自身的局限性，才能拓展出更广阔的应用领域。

▶▶ 学习目标

1）了解3D打印技术产生的背景。
2）了解3D打印技术的形成与发展历程，熟悉其国内外发展动向。
3）了解3D打印技术的工艺流程。
4）了解3D打印技术典型的分类方式及各技术的基本特点。
5）熟悉3D打印技术的原理，注意其与传统制造的区别。
6）熟悉3D打印技术常用的成型材料。
7）熟悉3D打印技术的应用及发展趋势。
8）能够利用网络等方式搜集关于3D打印技术的典型案例。

扫描二维码观看视频

一、3D打印技术的产生

通过多媒体课件的演示，熟悉3D打印技术产生的背景、发展历程，通过课前搜集相关的资料、师生互动、分组讨论等形式加强对本任务学习内容的理解和掌握。

1. 3D打印技术的产生背景

随着科技的快速发展，人们对日常衣食住行提出了更主体化、个性化和多样化的要求。为了应对消费者不断变化且无法预测的需求，产品制造商不仅要迅速设计出符合人们消费需求的产品，而且必须对新产品进行快速生产以响应市场。全球市场一体化的形成，使得制造业的竞争更加激烈，产品的开发速度日益成为竞争的主要焦点。传统的产品开发是从前一代的原型中发现不足或从进一步的研究中发现更优的设计方案，而原型的生产首先需要准备模具，模具的制备周期一般为几个月，而复杂模具的加工更是困难重重，这就造成了我国高新产品的研发周期长，试制能力差的现状。此外，制造业在日夜兼程地追赶新产品开发脚步的同时，又必须体现出较强的生产灵活性，既能够小批量甚至单件生产又不增加产品成本。因此，产品开发的速度和制造技术的柔性变得十分关键。

3D打印技术就是在这样的社会背景下发展起来的。20世纪80年代后期，RP（Rapid Prototyping，快速原型）技术以离散/堆积原理为基础和特征，首先在美国产生并商品化。3D打印技术的成型原理，如图1-1所示。3D打印技术首先需要将零件的电子模型（如CAD模型）按一定方式离散，转换成可加工的离散面、离散线和离散点，然后采用多种手段，将这些离散的面、线段和点堆积形成零件的整体形状。总体来说，由于上述工艺过程无需专用工具，工艺规划步骤简单，制造成本较数控加工下降20%～30%，周期缩短10%～20%，大大提高了企业高新产品的开发能力和市场竞争力。

3D打印技术是集CAD技术、数据处理、数控、测试传感、激光等多种机械电子技术以及材料科学、计算机软件科学于一身的综合性高科技技术，如图1-2所示。因此，各种相关技术的迅速发展是3D打印技术得以产生的重要技术背景。

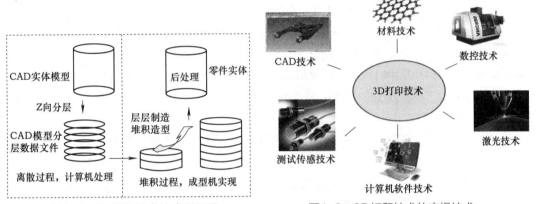

图1-1　3D打印技术的成型原理　　　　　图1-2　3D打印技术的支撑技术

3D打印技术具有非常广阔的前景和应用价值，世界上主要先进工业国家的政府部门、企业、高等院校、研究机构纷纷投入巨资对3D打印技术进行开发和研究。2012年8月，美国增材制造创新研究所成立，联合了宾夕法尼亚州西部、俄亥俄州东部和弗吉尼亚州西部的14所大学、40余家企业、11家非赢利机构和专业协会；英国诺丁汉大学、谢菲尔德大学、埃克塞特大学和曼彻斯特大学等相继建立了增材制造研究中心；德国建立了直接制造研究中心，主要研究和推动增材制造技术在航空航天领域中结构轻量化方面的应用……当前国际上已形成一股强劲的3D打印热潮，发展十分迅猛。美国、欧洲、日本都站在21世纪世界制造业全球竞争的战略高度来对待这一技术。

2. 3D打印技术的发展历程

3D打印技术的基本原理是基于离散/堆积成型，它的发展最早可追溯到19世纪的早期地形学工艺领域。1892年，J. E. Blanther就在其专利中提到利用叠层的方法来制作地图模型。从1892年至1979年的近100年间，Blanther、Carlo Baese、Perera、Matsubara、Nakagawa等学者先后提出以蜡片、透明纸板、光敏聚合树脂为材料进行堆叠，采用切割或选择性烧结的方式制备立体模型。

20世纪70年代末到80年代初，3D打印技术这个概念被正式提出。随后，Charles W. Hull在美国UVP公司的资助下完成了第一套立体光固化快速成型制造装置的研发。1988年，由美国3D Systems公司生产并售出第一台商用立体光固化（Stereo Lithography Apparatus，SLA）成型装置，标志着3D打印技术正式迎来商业化、工业化的时代。此后，其他的成型原理，例如，选择性激光烧结（Selective Laser Sintering，SLS）、熔融成型（Fused Deposition Modeling，FDM）、分层实体制造（Laminated Object Manufacturing，LOM）及其相应的成型设备也被先后以商业化形式推出。直至1996年全球已成立3D打印服务中心达284个，1998年安装3D打印设备数量由1988年的34套增加至3289套，该年3D打印产业的直接收入达10亿美元，市场增长率为40%。

相较于3D打印技术快速发展的美国、德国、日本等发达国家，我国的3D打印研究起步较晚。国内部分企业及机构最初只能靠引进国外3D打印技术及设备进行生产，但由于其高昂的价格和对打印材料的依赖性使得制造成本大大提高。为解决我国制造业对3D打印技术的迫切需求，一些高等院校和研究机构，例如，清华大学、西安交通大学、华中科技大学、上海交通大学都迅速开启对3D打印技术的研究工作，并取得了显著的成果。清华大学研制出世界上最大的LOM双扫描成型设备，自主开发的大型挤压喷射成型3D打印设备也居世界之首；西安交通大学在卢秉恒院士的带领下研发出一套国内领先水平的激光快速成型系统，如图1-3所示，并在打印材料上取得重大突破；华中科技大学已成功推出商业化的LOM和SLS成型设备，如图1-4所示；上海交通大学开发了具有我国自主知识产权的铸造模样计算机辅助快速制造系统，为汽车制造行业做出巨大贡献。

目前，我国的3D打印设备及技术已接近先进国家同类产品的发展水平，完全可以满足国内制造行业的复杂需求。同时，由于自主研发的配套材料也逐渐趋于完善，使得我国对进口材料的依赖性得到明显改善。这标志着我国已初步形成了3D打印设备和配套材料的制造体系。

图1-3　西安交通大学的激光快速成型系统　　　图1-4　华中科技大学的快速成型设备

练习

1）3D打印技术与传统制造技术在开发流程上有何区别？

2）3D打印技术需要哪些技术的支持？

3）搜集国内外3D打印技术方面的资料，哪些国家技术发展比较成熟，其各自的优势有哪些？国内的发展情况又如何？

二、3D打印技术的原理

通过老师讲解，查阅资料熟悉3D打印技术的原理，熟悉其与传统加工制造技术的区别，了解3D打印技术的分类及技术特点，熟悉3D打印技术常见的成型材料，通过分组讨论，总结本任务学习内容。

1．3D打印技术的原理

（1）3D打印技术的基本原理

传统的制造工艺是采用从毛坯上去除多余材料的切削加工方法（又称"减材"加工），也有借助模具锻压、冲压、铸造或注射成型。而3D打印技术与传统加工制造方法不同，它是通过将三维数据模型按一定的方式进行离散，将其转变成可加工的离散面、离散线、离散点。然后采用多种物理或化学方式，例如，熔融、烧结、粘结等，将这些离散面、线、点逐层堆积，最终形成实体模型或产品，因此也称为增材制造（Material Increasing Manufacturing，MIM）或分层制造技术（Layered Manufacturing Technology，LMT）。它集机械工程、CAD、逆向工程技术、分层制造技术、数控技术、材料科学、激光技术于一身，可以自动、直接、快速、精确地将设计思想转变为具有一定功能的实体原型或直接制造出零件成品，从而为零件原型制作、新设计思想的校验等提供一种高效低成本的实现手段。

3D打印技术就是利用三维CAD的数据，通过3D打印机，将一层层的材料堆积成实体原型，如图1-5所示。首先通过三维建模软件获得零件的CAD文件，并将该文件导出3D打印设备所能识别的STL格式。打印设备根据零件模型对其进行分层处理并离散，从而得到各层截面的二维轮廓信息，系统根据轮廓信息自动生成加工路径，由成型头在系统的控制下，逐点、逐线、逐面地对成型材料进行立体堆积，从而完成对三维坯件的制作，最后再对坯件进行必要的后处理，使零件在功能、尺寸、外观等方面满足设计需求。

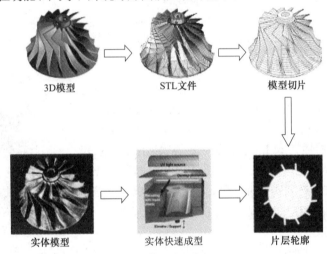

图1-5 3D打印技术成型过程

3D打印技术突破了传统的制造工艺，把传统的"减材"加工变为"增材"立体加工，如图1-6所示，忽略了制件的外形复杂程度，完全真实地复制出三维造型。由于3D打印技术是把复杂的三维制造转化为一系列二维轮廓的叠加，因此它无需借助任何模具和工具，可直接生成具有任意复杂曲面的零部件或产品，从而极大地提高了生产效率和制造的柔性。

图1-6 3D打印技术变"减材"加工为"增材"

（2）3D打印技术的工艺过程

3D打印技术的工艺过程一般都包括三维模型的建立、3D打印前处理、实体叠加打印成型及后处理4个步骤。其工艺流程如图1-7所示。

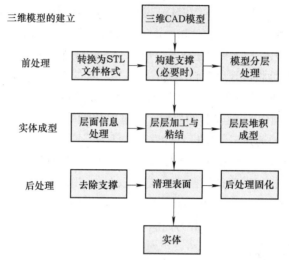

图1-7 3D打印技术的工艺流程

1）产品三维模型的构建。

由于3D打印系统是由三维CAD模型直接驱动，因此首先要构建如图1-8所示的三维CAD模型。该三维CAD模型可以利用计算机辅助设计软件（如Pro/E、UG、Solidworks、I-DEAS等）通过构造性立体几何表达法、边界表达法、参量表达法等方法直接构建，也可以将已有产品的二维图样进行转换而形成三维模型，或对产品实体进行激光扫描、CT断层扫描，得到点云数据，然后利用逆向工程的方法来构造三维模型。

图1-8 产品三维CAD模型

2）3D打印的前处理。

① 三维模型的近似处理。由于产品往往有一些不规则的自由曲面，加工前要对模型进行近似处理，以方便后续的数据处理工作。由于STL文件格式简单、实用，目前已经成为3D打印领域的标准接口文件。它是用一系列的小三角形平面来逼近原来的模型，每个小三角形由3个顶点坐标和一个法向量来描述，三角形的大小可以根据精度要求进行选择。STL文件有二进制码和ASCII码两种输出形式，二进制码输出形式的文件所占的空间比ASCII码输出形式的文件小得多，而ASCII码输出形式可以进行阅读和检查。典型的CAD软件都带有转换和输出STL格式文件的功能。

② 三维模型的分层处理。根据被加工模型的特征选择合适的加工方向，如图1-9所示，在成型高度方向上用一系列一定间隔的平面切割近似后的模型，以便提取截面的轮廓信息。间隔一般取0.05～0.5mm，常用0.2mm，目前最小分层厚度可达0.016mm。层厚越小，成型精度越高，但

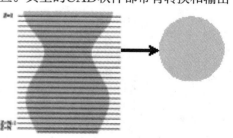

图1-9 三维模型的切片处理及截面层

成型时间也越长，效率就越低，反之则成型精度降低，但效率提高。

3）实体叠加成型。

根据切片处理的截面轮廓，在计算机的控制下，相应的成型头（激光头或喷头）按各截面轮廓信息做扫描运动，在工作台上一层一层地将材料堆积在一起，各层材料通过交联或粘结固化后，最终得到成型件，如图1-10所示。

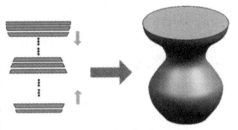

图1-10　实体叠加成型过程

4）成型制件的后处理。

从打印设备里取出成型件，进行打磨、抛光、涂覆或放于高温炉中进行后处理烧结，以进一步提高原型产品强度。

2. 3D打印技术的特点

（1）快速性

通过STL格式文件，3D打印系统几乎可以与所有的CAD造型系统无缝连接，从CAD模型到完成原型制作通常只需几个小时到几十个小时，就可实现产品开发的快速反馈。以快速原型为母模的快速模具技术，能够在几天内制作出所需材料的实际产品，而通过传统的钢制模具制作，至少需要几个月的时间。

（2）高度集成化

3D打印技术实现了设计与制造的一体化。在成型工艺中，计算机中的CAD模型数据通过接口软件转化为可以直接驱动3D打印设备的数控指令，3D打印设备根据数控指令完成原型件或零件的加工。

（3）与工件复杂程度无关

3D打印技术由于以离散堆积原理为基础，采用分层制造工艺，将复杂的三维实体离散成一系列层片加工和加工层片的叠加，大大简化了加工过程。它可以加工复杂的中空结构且不存在三维加工中刀具干涉的问题，理论上可以制造如图1-11所示的具有任意复杂形状的原型件和零件。

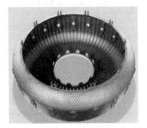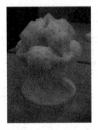

图1-11　采用3D打印技术制造的工件

（4）高度柔性

3D打印系统是真正的数字化制造系统，仅需改变三维CAD模型，适当地调整和设置加工参数，即可完成不同类型的零件的加工制作，特别适合新产品开发或单件小批量生产。并且，3D打印技术在成型过程中无需专用的夹具或工具，成型过程具有极高的柔性，这是3D打印技术非常重要的一个技术特征。

（5）自动化程度高

3D打印是一种完全自动的成型过程，只需要在成型之初由操作者输入一些基本的工艺参数，整个成型过程操作者无需或较少干预。出现故障，设备会自动停止，发出警示并保留当前数据。完成成型过程后，机器会自动停止并显示相关结果。

练习

相对于传统制造技术，3D打印技术有哪些优点？

三、3D打印技术的分类及材料

通过老师讲解，查阅资料熟悉3D打印技术的原理，熟悉其与传统加工制造技术的区别，了解3D打印技术的分类及技术特点，熟悉3D打印技术常见的成型材料，通过分组讨论，总结本任务学习内容。

1. 3D打印技术的分类

近十几年来，随着全球市场一体化的形成，制造业的竞争逐渐激烈。尤其是计算机技术的迅速普及和CAD/CAM技术的广泛应用，使得3D打印技术得到了异乎寻常的高速发展，表现出强劲的生命力和广阔的应用前景。3D打印技术发展至今，已经有三十多种不同的成型方法，而且许多新的加工与制造方法仍然在不断涌现。典型3D打印技术的基本信息见表1-1。

目前，按照3D打印技术成型的能量进行分类，可以将3D打印技术分为激光加工和非激光加工两类。按照成型材料的形态可以分为液态、薄材、丝材、粉末材料4种。

表1-1　典型3D打印技术的基本信息

技术类型	使用材料	代表公司
熔融沉积（FDM）	热塑性塑料	美国Stratasys公司
选择性激光烧结（SLS）	热塑性粉末、金属粉末、陶瓷粉末	美国DTM公司
光固化成型（SLA）	光敏聚合物	美国3D Systems公司
三维印刷（3DP）	热塑性粉末、金属粉末、陶瓷粉末	美国Z Corporation公司
数字光处理（DLP）	液态树脂	德国Envision公司
多重喷射（PolyJet）	光敏树脂	以色列Objet公司
分层实体制造（LOM）	纸、塑料薄膜、金属箔	美国Helisys公司
直接金属激光烧结（DMLS）	金属合金	德国EOS公司
电子束熔炼（EBM）	钛合金	瑞典ARCAM公司

（1）按制造工艺所使用的材料、成型特征分类

1）丝材、线材熔化粘结技术。原材料为丝状材料或线状材料，通过升温使其熔化并按照一定的路径堆积叠加出需要的形状。

2）粉末烧结与粘结技术。原材料是粉末状材料，通过激光烧结或用粘结剂将粉末颗粒粘结在一起形成形状。

3）液态聚合、固化技术。原材料是液态材料，通过光能或热能使特殊的液态聚合物固化

从而形成一定的形状。

4）膜、板材层合技术。原材料是固态的膜或板材，利用塑料膜的光聚合作用将各层膜片粘结成型，或通过层层粘结，将薄片层板堆积成型。

（2）按成型原理分类

目前，应用较为广泛的3D打印技术主要有以下4种：熔融沉积成型技术、选择性激光烧结技术、光固化成型技术和三维印刷技术。尽管这些3D打印成型技术都基于同一原理，即先离散分层，再堆积叠加，但其设备结构和采用的原材料类型，成型的方法以及截面层与层之间的连接方式等是完全不同的。

1）熔融沉积成型技术。熔融沉积成型（Fused Deposition Modeling，FDM）又称为熔丝沉积制造，其工艺过程是以热塑性材料丝ABS或PLA为原料，材料丝在挤压头内受热熔化成液体后，由挤压头将熔融材料沿零件的截面轮廓挤出后经冷却成型。

该工艺的特点是使用、维护简单，成本较低，速度快，一般复杂程度原型仅需要几个小时即可成型，且无污染。但由于稳定对其成型效果影响非常大，因此制件的精度一般不高。

目前，世界上FDM技术较为领先的是美国的Stratasys公司和Dimension公司，特别是工业级FDM设备，占据了市场大多数的份额。

2）选择性激光烧结技术。选择性激光烧结（Selective Laser Sintering，SLS）又称选区激光烧结、粉末材料选择性激光烧结等，常采用金属、陶瓷、ABS塑料等材料的粉末作为成型材料。其工艺过程是在工作台上铺一层粉末材料，在计算机的控制下，激光束产生的热源对粉末材料进行选择性烧结（零件的空心部分未烧结，仍为粉末材料），片层中被烧结的部分即固化为实心部分。一层完成后烧结下一层，新的烧结层与上一层牢牢粘结在一起。全部烧结完成后，去除多余的粉末，便得到烧结成的零件。

该工艺的特点是材料适应面广，不仅能制造塑料零件，还能制造陶瓷、金属、蜡等材料的零件。造型精度高，原型件强度远远优于其他3D打印技术，所以可用样件进行功能试验或装配模拟。

目前，世界范围内进行SLS技术研究的主要是美国的DTM公司，德国的EOS公司以及我国的北京隆源公司。其中DTM公司的SLS设备在市场使用率上占据领先地位，而EOS公司在金属粉末烧结方面有着自己的特点。

3）光固化成型技术。光固化成型（Stereo Lithography Appearance，SLA）又称光造型、立体光刻及立体印刷，其工艺与SLS有相似之处，区别在于SLA是以液态光敏树脂为材料，以紫外激光为辐照能源，使材料在室温下快速发生光聚合反应，从而完成材料的层层堆叠。

该工艺的特点是原型件精度高，零件强度和硬度好，可制出形状特别复杂的空心零件，如图1-12所示。生产的模型柔性化好，可随意拆装，是间接制模的理想方法。缺点是需要支撑，树脂收缩会导致精度下降，另外光固化树脂有一定的毒性而不符合绿色制造发展趋势等。

国外的工业级SLA设备以美国的3D Systems公司为代表，同时日本、德国都也有各自具有特色比较成熟的SLA成型技术。国内则以西安交大的设备较为成熟，现已开发出一整套SLA成型机，成型速度、零件精度都已接近国外先进技术。

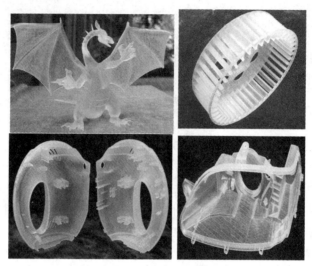

图1-12　SLA技术的典型产品

4）三维印刷技术。三维印刷（Three Dimensional Printer，3DP）又称为胶水固化喷印、三维粉末粘接，其成型原理类似于喷墨打印机的原理，首先在成型缸上均匀地铺上一层粉末，喷头按照指定路径将液态的粘结剂喷涂在粉末层指定的区域上，待粘结剂固化后，除去多余的粉末材料，获得需要的实体模型。常采用陶瓷粉末、金属粉末、塑料粉末为材料。

该工艺的优势在于成型速度快、无需支撑结构，而且能够输出彩色打印产品，这是目前其他技术都难以实现的。其不足之处则在于粉末粘接的直接制件强度并不高，只能作为测试原型，其次由于粉末粘接的工作原理，制件表面不如SLA光洁，精度也不高，所以一般为了产生拥有足够强度的产品，还需要一系列的后续处理工序。此外，制造相关材料粉末的技术比较复杂，成本较高。

3D照相馆所使用的技术就是以3DP为主，其打印出来的产品最大可以输出39万色，色彩方面非常丰富，打印产品最接近于成品的3D打印技术。目前采用3DP技术的厂商主要是Z Corporation公司、EX-ONE公司等，以Z printer、VX系列三维打印机为主，此类3D打印机能使用的材料比较多，包括石膏、塑料、陶瓷和金属等。

除了上述4种最为熟悉的技术外，还有许多技术也已经实用化，例如，分层实体制造（LOM）、聚合物喷射技术（PolyJet）、数位光处理技术（DLP）、多相喷射沉积技术（MJD）等。

2．3D打印技术的成型材料

成型材料一直是3D打印技术发展的核心问题，它对成型件的成型精度、物理及化学性能、成型速度都有直接作用，同时也影响到成型制件的二次使用及用户对系统和设备的选择。

（1）3D打印技术对成型材料的性能要求

1）能够快速精确地加工原型件。

2）保证成型制件具有一定的力学性能及稳定性。用于3D打印技术直接制造功能件的材料要接近零件最终用途对强度、刚度、耐潮、热稳定性等要求；对于概念性成型制件，要求打印速度快，对成型精度和物理化学特性要求不高。

3）要求成型制件具有一定的尺寸精度和尺寸稳定性。例如，装配测试用原型制件，对其成型精度有严格的要求。

4）满足3D打印技术的特殊性能要求。例如，FDM技术要求选用可熔融的丝状材料；SLS技术、3DP技术要求粉末的颗粒要较小；SLA技术要求选用可光固化的液态树脂；LOM技术要求薄片层材料是易切割的。

5）有利于快速制模的后续处理。

总之，3D打印技术对成型材料的总体性能要求是能够快速、精确地进行原型件的加工与制造，原型制件具有一定的力学性能及稳定性等特性，以便后续的工艺处理。

（2）成型材料的分类

3D打印技术的成型材料一般是与工艺和设备配套使用。因此，成型材料的分类与3D打印成型工艺、材料的物理化学状态等密切相关。

1）按材料成型工艺分类。3D打印技术的成型材料可分为FDM、SLS、SLA、3DP、LOM等材料。

2）按材料的物理状态分类。可分为丝状材料、粉末材料、液态材料、薄片材料等材料。

3）按材料成型步骤分类。可分为直接成型材料和间接成型材料。其中直接成型材料包括反应型聚合物、非反应性聚合物、金属、砂、陶瓷等材料；间接成型材料包括金属基复合材料、陶瓷基复合材料、硅橡胶等材料。

4）按材料的化学性能分类。可分为树脂类材料、橡胶材料、金属材料、陶瓷材料、复合材料以及食品材料等。

① 树脂类材料。3D打印技术用树脂类材料中应用较多的是工程塑料和光敏树脂材料。

工程塑料指被用做工业零件或外壳材料的工业用塑料，是强度、耐冲击性、耐热性、硬度及抗老化性均优的塑料。工程塑料是当前应用最广泛的一类成型材料，常见的有Acrylonitrile Butadiene Styrene（ABS）类材料、Polycarbonate（PC）类材料、尼龙类材料等。

光敏树脂由聚合物单体与预聚体组成，其中加有光（紫外光）引发剂（或称为光敏剂）。在一定波长的紫外光（250～300nm）照射下能立刻引起聚合反应完成固化。光敏树脂一般为液态，可用于制作高强度、耐高温、防水材料。目前，研究光敏材料3D打印技术的主要有美国3D Systems公司和Stratasys公司。常见的光敏树脂有somos NEXT材料、树脂somos11122材料、somos19120材料和环氧树脂。

② ABS塑料类。ABS塑料是FDM最常用的打印材料，如图1-13所示。目前有多种颜色可以选择，是消费级3D打印机用户最喜爱的打印材料，例如，打印"乐高"类型的很多玩具，制作很多创意家居饰件等。ABS材料通常是细丝盘装，通过3D打印喷嘴加热熔解打印。不同的ABS由于熔点不同，对于不能调节温度的喷嘴是不能通配的。这也是最好在原厂商购买打印材料的原因。

图1-13　ABS塑料

③ PLA塑料类。PLA（Poly Lactice Acid，生物降解塑料聚乳酸）塑料熔丝，如图1-14所示，也是一种非常常用的打印材料。尤其是对于消费级3D打印机来说，PLA可以降解，是一种环保的材料。PLA在一般情况下不需要加热床，这一点不像ABS，所以PLA容易使用，而且更加适合低端的3D打印机。PLA有多重颜色可以选择，而且还有半透明的红、蓝、绿以及全透明的材料。PLA的通用性也有待提高。

图1-14　PLA塑料

④ ABS塑料类和PLA塑料类丝材的特点对比，见表1-2。

表1-2　ABS塑料类和PLA塑料类丝材的特点对比

	ABS塑料类	PLA塑料类
优点	综合性能较好，耐热耐寒，化学稳定性好，电绝缘性能良好	无毒无害，收缩率低，韧性好强度高，可降解
缺点	热收缩率高，模型容易变形，工作时会产生刺鼻的有害气体	不耐热，化学稳定性差
打印温度	240～270℃	190～210℃
丝材规格	ϕ1.75mm和ϕ3mm	ϕ1.75mm和ϕ3mm
燃烧特征	火焰呈黄色，有黑烟，挥发出刺鼻的气味，起丝短	火焰呈蓝色，无烟，气味温和，起丝较长
注意事项	打印丝材极易受潮，影响打印表面质量，因此需要密封保存	

⑤ 橡胶类材料。橡胶类材料具备多种级别弹性材料的特征，这些材料所具备的硬度、断裂伸长率、抗撕裂强度和拉伸强度，使其非常适合于要求防滑或柔软表面的应用领域。3D打印的橡胶类产品主要有消费类电子产品、医疗设备以及汽车内饰、轮胎、垫片等。

⑥ 金属材料。近年来，3D打印技术逐渐应用于实际产品的制造，其中，金属材料的3D打印技术发展尤其迅速。目前，应用于3D打印技术的金属粉末材料主要有钛合金、钴铬合金、不锈钢和铝合金材料等，此外还有用于打印首饰用的金、银等贵金属粉末材料。

⑦ 陶瓷材料。3D打印技术用的陶瓷粉末是陶瓷粉末和某一种粘结剂粉末所组成的混合物。由于粘结剂粉末的熔点较低，激光烧结时只是将粘结剂粉末熔化而使陶瓷粉末粘结在一起。在激光烧结之后，需要将陶瓷制品放入到温控炉中，在较高的温度下进行后处理。

⑧ 其他成型材料。除了上面介绍的3D打印材料外，目前用到的还有彩色石膏材料、人造骨粉、细胞生物原料以及砂糖等材料。

练习

1）3D打印技术的技术原理有哪几类？

2）如何理解"分层制造，逐层叠加"？

四、3D打印技术的应用

随着工业社会的快速发展，3D打印技术以其高度的适配性贯穿了人们的吃、穿、住、行，成为满足工业制造乃至日常生活需求的一种重要途径之一。并且，随着这一技术本身的高速发展，其应用领域也在不断被扩展。通过老师讲解，查阅资料了解3D打印技术应用于哪些领域，制作一个简短的PPT汇报课件向同学们介绍。

不断提高3D打印技术的应用水平是推动3D打印技术发展的重要方面。目前，3D打印技术已在工业造型、机械制造、航空航天、军事、建筑、影视、家电、轻工、医学、考古、文化艺术、雕刻、首饰等领域都得到了广泛应用，并且随着这一技术本身的发展，其应用领域将不断拓展。

1. 机械制造领域

3D打印技术与传统机械制造技术相比，具有制造成本低、研制周期短、材料利用率高、生产效率高、产品质量精度高等明显优势，非常适合各种模具及零配件的研发及生产。目前，3D打印技术在机械制造领域已经得到了广泛的研究和应用。

（1）模具制造

3D打印技术可以做到产品的设计和模具生产并行。一般，产品从设计到模具验收需要一段相当长的时间，按传统的设计手段，只有在模具验收合格后才能进行整机的装配以及各种验收。对于在试验中发现的设计不合理之处，需要再对相应的模具进行修改。这样就会在设计与制造过程中造成大量重复性的工作，使模具的制造周期加长，最终导致修改时间约占整个制作时间的20%～30%。应用3D打印技术之后，模具制造的这段时间被充分利用起来，制件的整机装配和各种试验可随时与模具制造环节进行信息交流，力争做到模具一次性通过验收，这样模具制造与整机的试验评价并行工作，大大加快了产品的开发进度，迅速完成从设计到投产的转换。传统制造工艺与3D打印工艺的比较，如图1-15所示。

图1-15 传统制造工艺与
3D打印工艺的比较

另外，3D打印技术对于模具的设计与制造过程有着明显的指导作用。对于具体产品来说，模具制造时间可以大大缩短，模具制造的质量可以得到提高，相应产品的最终质量也可以得到保障。以3D打印生成的实体模作模芯或模套，结合精铸、粉末烧结或电极研磨技术可以快速制造出企业所需要的功能模具或工装设备。其制造周期一般为传统的数控切削方法的

1/5～1/10，而成本仅为其1/3～1/5，且模具的几何复杂程度愈高，这种效益愈显著。例如，工业常用的六缸发动机缸盖模具，如图1-16所示，采用传统砂型铸造工装模具设计制造周期长达5个月，采用3D打印技术只需一周便可制成。

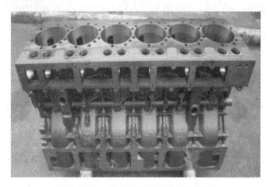

图1-16　六缸发动机缸盖模具

（2）汽车制造

传统机械制造业在生产各种零部件之前，需先进行零件模具的开发，其开发周期一般在45天以上，而采用3D打印技术可以在不使用任何刀具、模具、工装夹具的情况下，快速实现零部件的生产。根据零件复杂程度，需1～7天。

尽管汽车的座椅、轮胎等可更换部件仍以传统方式制造，但用3D制造这些零件的计划已经提上日程。目前，美国福特汽车公司已采用3D打印技术生产出混合动力车内的转子、阻尼器外壳和变速器等零部件，并正式投入使用。金斯顿大学的电动汽车赛车队甚至使用3D打印技术制备出赛车零部件，如图1-17所示，大大降低了汽车总重量。经过测试发现，该技术制备的部件不仅可以承受高速运动环境和赛车的高温环境，而且在紧急情况下它们能承受按钮的大力冲击。

图1-17　3D打印技术制造的赛车零部件

我国有些汽车零部件企业也已经通过3D打印技术制作缸体、缸盖、变速器齿轮等产品作为研发使用，如图1-18所示。但是由于受到打印材料的限制，3D打印技术在汽车零部件的应用上仅限于新产品或关键零部件样机原型原理、可行性方面的验证，要实现传统铸造技术的大批量、规模化生产还不太现实。在不久的将来，若能将3D打印技术的个性化、复杂化特点与传统制造业的规模化、批量化相结合，与信息技术、材料技术相结合，一定会实现3D打印技术的创新发展。

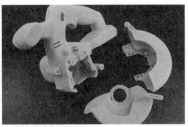

图1-18　采用3D打印技术制造的汽车零部件

（3）家电行业

目前，3D打印技术在国内的家电行业上得到了很大程度的普及与应用，许多家电企业走在了国内前列，例如，广东的美的、华宝、科龙，江苏的春兰、小天鹅，青岛的海尔等，都先后采用3D打印技术来开发新产品，并收到了很好的效果。3D打印技术的应用很广泛，随着3D打印制造技术的不断成熟和完善，它将会在越来越多的领域中得到推广和应用。

采用3D打印技术制出的小型发动机零件原型件，如图1-19所示。家电模型，如图1-20所示。

图1-19　小型发动机零件原型件

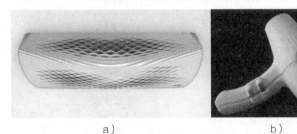

a）　　　　　　　　　　　　b）

图1-20　3D打印技术在家电行业的应用

a）3D打印空调　b）吹风筒模型

2. 医学领域

近年来，人们对3D打印技术在医学领域的应用研究较多。以医学影像数据为基础，利用3D打印技术制作人体器官模型，对外科手术有极大的应用价值。

外科学是最早应用3D打印技术的医学领域，特别是骨外科、颌面外科、整形外科等的临床实践。利用3D打印技术可以加工出内、外部三维结构完全仿真的生物模型（Bio-model），如图1-21所示，其线尺寸误差小于0.05mm，总体误差不超过0.1%。这样的精度完

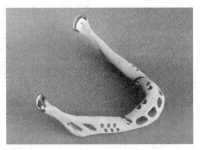

图1-21　生物材料人体器官修复体

全可以满足外科手术的需要并且克服了生理解剖标本的难度及道德伦理方面的困扰。面临现代手术方式改良迅速及原发病损复杂等挑战，借助3D打印技术加工出患者术区解剖结构模型，外科医生可以更直观地了解手术的状况并结合模型具体讨论复杂特殊病例，制定更合理的手术方案。

另外，在模型上还可以试行手术，以预演手术中可能会遇到的情况，并可比较不同手术方式的优劣，同时也可给年轻医生提供演示或操作训练的机会。对于正额外科及整形外科手术则更可以通过对术前及术后形态的比较，预测评估患者的术后效果。另一方面，借助3D打印模型也可使医生更容易对患者讲解手术的相关细节，加强医生和患者间的沟通，便于患者对手术形成直观的认识而更积极地配合手术。至于一些特殊病例的模型，还可以收集管理作为重要标本资料供日后类似病例参考。正因为3D打印模型的以上优势使得该项技术几乎可用于外科各个分支。3D打印技术在膝关节畸形的模拟截骨中的应用，如图1-22所示，大大提高手术精度与直观性。

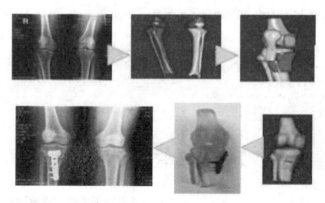

图1-22　3D打印技术在骨外科的应用

采用3D打印技术精确设计半骨盆假体，如图1-23所示，治疗累及髋关节的骨肿瘤，结合化疗达到保肢效果。

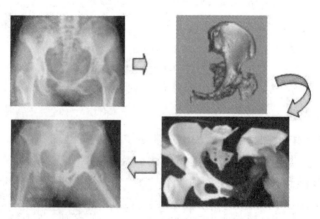

图1-23　3D打印技术在肿瘤科的应用

3. 航空航天技术领域

在航空航天领域中，空气动力学地面模拟实验（即风洞实验）是设计性能先进的天地往返系统（即航天飞机）所必不可少的重要环节。该实验中所用的模型形状复杂、批量小、零件规格差异大、精度要求高，又具有流线型特性，因此产品的定型是一个复杂而精密的过程，往往需要多次的设计、测试和改进，耗资大、耗时长。3D打印技术以其灵活多样的工艺方法和技术优势，根据CAD模型，由3D打印设备自动完成实体模型的制备，并很好地保证模型质量。

（1）展示模型——制导炸弹弹翼组件

2008年珠海航展上展出了空军某型250kg级制导炸弹。该炸弹是在现有的老式航弹弹体上加装弹翼组件后改装而来的。展出的绿色弹体为常规航空炸弹，白色部分为弹翼组件，采用了激光打印成型全尺寸制作完成。整个组件在10天内即全部完成，其中采用立体光固化成型制作7天，表面处理时间3天，为模型及时参与航展提供了有效保障。

（2）功能讲解演示模型——航空发动机

美国通用公司的全尺寸航空发动机模型，如图1-24所示，所有零部件均由SLA技术实现。制作过程中甚至可在外壳上特别设计出可打开的剖面机构，以充分展示其内部结构，利于进行产品内部组件的展示和功能讲解。波音公司使用熔融沉积成型技术为国防高级研究计划局（DARPA）、美国空军、美国海军联合无人战斗空中系统（J-UCAS）项目制造的无人飞机——Phantom Ray，如图1-25所示，该飞机翼展为50ft，测量长为36ft。

图1-24　航空发动机　　　图1-25　无人飞机——Phantom Ray

（3）风洞模型——某无人机风洞试验模型

风洞试验是任何飞机研制必不可少的一个关键进程，以试验飞机各项气动外形性能和飞行性能等。低速风洞试验模型要求模型数据准确，具备一定的强度，一般采用金属数控机床（Computer Numerical Control，CNC）加工，后期还需人工进行表面打磨，加工周期长，成本高，且由于比较重，试验操作也不方便。

（4）单件产品快速制造——某型导弹弹体的快速精密铸件

在航空零件中，精密铸件所占的比重很大，特点是品种多、形状复杂。传统的铸造方法周期长、成本高。将3D打印技术与铸造技术相结合，为铸造原型和模壳的制作提供了速度更快、精度更高、结构更复杂的技术保障，是快速制得金属零件的有效途径，尤其适合单件小批量铸件的生产。其中SLA工艺由于优越的尺寸稳定性和良好的表面质量，对于航空航天领域中常见的一些薄壁、大框架尺寸的结构复杂件，更是具有不可替代的技术优势。

4. 文化艺术领域

在文化艺术领域，3D打印技术多用于艺术创作、文物复制、数字雕塑等。虽然3D打印技术是近几年才逐步成为公众关注的焦点，但是其用于文物的复制和修复却是很早就开始了。传统的文物复制只能靠翻模，对文物会有污损，如今依靠3D打印技术，类似的问题便可迎刃而解了。采用3D打印技术复制的天龙山石窟佛像和佛像真品，如图1-26所示，可以发现使用该技术得到的文物误差一般小于2μm，只有通过特殊的仪器才能被分辩出来。将复制得到的制品代替真实文物放于博物馆中展览，既可展示文物风采，又可防止人为照相、触摸以及氧气环境、不适的空气湿度对文物的损坏。

此外，各种影视作品中虚拟的人设或复杂的道具若使用传统加工技术不仅耗时，而且从制品质量上看也较难满足要求。因此，越来越多的电影也开始使用3D打印机制造道具。《钢铁侠2》中使用3D打印技术为男主角制造的贴身盔甲，如图1-27a所示。运用3D打印技术制作的动漫《超能陆战队》，如图1-27b所示。

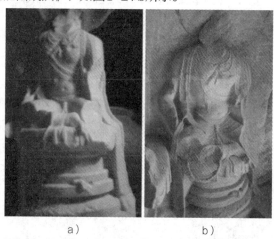

a)　　　　　　　　　　　　b)

图1-26　采用3D打印技术复制的天龙山石窟佛像

a）3D打印技术复制品　b）佛像真品

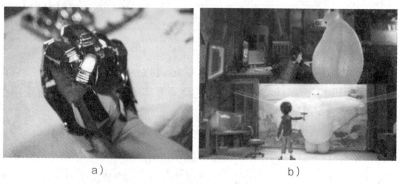

a)　　　　　　　　　　　　b)

图1-27　3D打印技术在文化艺术领域的应用

a）电影道具上的应用　b）动漫制作上的应用

练习

3D打印技术在实际生产生活中还有哪些应用？

五、3D打印技术的发展趋势

3D打印技术的优势显而易见，其在各个领域的发展势头也是不可阻挡的。但3D打印技术仍存在技术上的局限性，其应用领域的拓展也远未到达尽头。思想的距离有多远，3D打印技术的路就不会停。而它将来会往什么方向发展呢？请同学们结合所学的知识，查阅相关的资料，展望3D打印技术的发展趋势。

3D打印技术是当今世界上发展最快的制造技术，已由最初的发展期步入成熟期。近年来，虽然3D打印新工艺、新装备的发展速度有所减缓，但其仍是最活跃的领域之一。部分国产3D打印设备已接近或达到国际同类产品的水平，价格却便宜很多，材料的价格也更加合理，这充分说明我国已初步形成了3D打印设备和材料的制造体系。近年来，在科学技术部的支持下，我国已在深圳、天津、上海、西安、南京、重庆等地建立一批向企业提供3D打印技术的服务机构。目前，这些技术服务机构已经开始发挥其积极作用，极大地推动了3D打印技术在我国的广泛应用，使我国高新技术的发展走上了专业化、市场化的轨道，为国民经济的发展做出了贡献。

1. 3D打印技术面临的问题

目前3D打印技术还面临着许多问题，而问题大多来自技术本身的发展水平，其中最突出的表现在如下几个方面。

（1）工艺问题

3D打印的基础是分层叠加原理，然而，用什么材料进行分层叠加以及如何进行分层叠加却大有研究价值。因此，除了上述常见的分层叠加成型法之外，研究、开发一些新的分层叠加成型法，以便进一步改善制件的性能，提高成型精度和成型效率是非常有必要的。

（2）材料问题

材料问题一直是3D打印技术的核心问题，而相对国外来说，国内所提供的材料还是比较单一，与国外提供的材料品种及其性能相比，还有着一定的差距。发展全新的3D打印材料，特别是复合材料，例如，纳米材料、非均质材料及其他方法难以制作的材料等仍是努力的方向。

（3）精度问题

目前，3D打印技术制备的零件精度一般处于±0.1mm的水平，高度（Z）方向的精度更是如此。3D打印技术的基本原理决定了该工艺难以达到传统机械加工所具有的表面质量和精度指标，把3D打印的基本成型思想与传统机械加工方法结合，优势互补，是改善打印精度的重要方法之一。

（4）软件问题

目前，3D打印技术使用的分层切片算法都是基于STL文件格式进行转换的，就是用一系列三角网格来近似表示CAD模型的数据文件，而这种数据表示方法存在不少缺陷，例如，三角网格会出现一些空隙而造成数据丢失以及由于平面分层所造成的台阶效应，降低了零件表面质量和成型精度。目前，应着力开发新的模型切片方法，例如，基于特征的模型直接切片法、曲面分层法，即不进行STL格式文件转换，直接对CAD模型进行切片处理，得到模型的各个截面轮廓，或利用逆向工程得到的逐层切片数据直接驱动打印系统，从而减少三角面近似产生的误差，提高成型精度和速度。

（5）能源问题

当前3D打印技术所采用的能源有光能、热能、化学能、机械能等。在能源密度、能源控制的精细性、成型加工质量等方面均需进一步提高。

（6）应用领域问题

目前3D打印技术的应用领域主要在于新产品开发，旨在缩短开发周期，尽快取得市场反馈的效果。

由于3D打印技术的巨大吸引力，不仅工业界对其十分重视，许多其他行业都纷纷致力于它的应用和推广。在其技术向更高精度与更优的材质性能方向取得进展后，可以考虑加入生物医学、考古、文物、艺术设计、建筑成型等多个领域的应用（目前应用范围及情况，如图1-28所示），形成高效率、高质量、高精度的复制工艺体系。

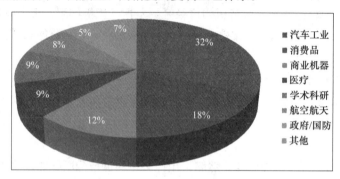

图1-28　3D打印技术在各领域的应用

2．3D打印技术的发展趋势

（1）金属零件、功能梯度零件的直接快速成型制造技术

目前，3D打印技术主要用于制作非金属样件，由于其强度等机械性能较差，远远不能满足工程实际需求，所以其工程化实际应用受到较大限制。探索实现金属零件直接快速制造的方法一直是3D打印技术的研究热点，国外著名的3D打印技术公司均在进行金属零件3D打印技术研究。可见，探索直接制造满足工程使用条件的金属零件的3D打印技术，将有助于3D打印技术向快速制造技术的转变，能极大地拓展其应用领域。此外，利用逐层制造的优点，探索制造具有功能梯度、综合性能优良、特殊复杂结构的零件，也是一个新的发展方向。

（2）概念创新与工艺改进

目前，3D打印技术的成型精度为0.01mm，表面光滑度还较差，有待进一步提高。最主要的是成型零件的强度和韧性还不能完全满足工程实际需要，因此，如何完善现有3D打印工艺与设备，提高零件的成型精度、强度和韧性，降低设备运行成本是十分迫切的。此外，3D打印技术与传统制造技术相结合，形成产品快速开发制造系统也是一个重要趋势，例如，3D打印技术结合精密铸造，可快速制造高质量的金属零件。另一方面，许多新的3D打印工艺正处于开发研究之中。

（3）优化数据处理技术

3D打印数据处理技术主要包括将三维CAD模型转存为STL格式文件和利用专用3D打印软件进行平面切片分层。由于STL格式文件的固有缺陷，会造成零件精度降低。此外，由于平面分层所造成的台阶效应，也降低了零件表面质量和成型精度。优化数据处理技术可提高成型精度和表面质量。目前，正在开发新的模型切片方法，例如，基于特征的模型直接切片法、曲面分层法。

（4）开发专用3D打印设备

不同行业、不同应用场合对3D打印设备有一定的共性要求，也有较大的个性要求。例如，医院受环境和工作条件的限制，外科大夫希望设备体积小、噪音小，因此开发专门针对医院使用的便携式3D打印设备将非常有市场潜力。另一方面，汽车行业的大型覆盖件尺寸多在1m以上，因此研制大型的3D打印设备也是很有必要的。

（5）成型材料系列化、标准化

目前，3D打印材料大部分是由各设备制造商单独提供，不同厂家的材料通用性很差，而且材料成型性能也不十分理想，阻碍了3D打印技术的发展。因此，开发性能优良的专用3D打印材料，并使其系列化、标准化，将极大地促进3D打印技术的发展。

（6）拓展新的应用领域

3D打印技术的应用范围正在逐渐扩大，这也促进了3D打印技术的发展。目前，3D打印技术在医学、医疗领域的应用，正在引起人们的极大关注，许多科研人员也正在进行相关的技术研究。此外，3D打印技术结合逆向（反求）工程，实现古陶瓷、古文物的复制，也是一个新的应用领域。

第2篇 实训篇

（3D打印实训）

STL格式文件的介绍

STL格式的文件是计算机图形应用系统中用于表示三角形网络的一种格式文件，文件格式简单、应用广泛。当利用三维设计软件保存了STL格式文件之后，模型的所有表面和曲面都会被三角形网格所代替，这种三角形网格可以构建流畅的曲线，对构建高质量的模型起到巨大作用。由于三角形相当小，因此肉眼无法察觉。STL格式的文件有两种：一种是ASCII明码格式，另一种是二进制格式，这两种文件分别以不同的方式表示了构成网格的三角形的几何信息。当用三维软件导出STL文件进行打印时，建议选用二进制格式，因为使用"二进制"选项生成的STL格式文件较小，不会影响切片软件的打开速度及GCode代码的生成速度，更节省时间。

在用三维设计软件导出STL格式文件时，有时会出现破面等错误，特别是在网上下载的一些STL模型文件，出错的概率更大，如果把存在错误的模型导入3D打印机进行打印，则很可能造成打印失败。因此，建议在打印前，先通过专门的软件检查STL模型文件，如果存在错误，则通过软件修复完成之后再进行打印。现在很多3D打印机生产厂家提供的切片软件也带有STL模型检测和修复功能，使用时很方便。

STL是1988年制订的文件格式，只能记录物体的表面形状。利用三维软件制作的模型的颜色、材料及内部结构等信息在保存为STL数据时会消失，不能全面表现。目前出现了一种新格式文件AMF（Additive Manufacturing File Format），新格式文件能够记录颜色信息、材料信息及物体内部结构等，现在正在标准化的推广过程中。

实训1　打印家务骰子

如何把做家务变得有趣，不再是日复一日，如何分配任务呢？此时，家务骰子就派上用场了。如果你身边有一台3D打印机，就可以自己设计一个家务骰子并打印出来。本实训将学习3D打印基础知识，使用UG软件设计一个家务骰子并打印出来。

≫ 学习目标

知识目标

➢ 了解3D打印的概念、分类、应用领域及工作流程。

➢ 熟悉UG建模软件基本知识。

➢ 熟悉Cura切片软件基本参数设置。

➢ 初步认识3DDP-Ⅲ打印机的工作原理与结构组成。

扫描二维码观看视频

技能目标

➢ 学会使用UG软件的图元工具创建规则的三维模型。

➢ 初步掌握Cura软件的切片处理流程。

➢ 学会使用3DDP-Ⅲ打印机打印规则简单的物品。

情感目标

➢ 培养学生分析、解决生产实际问题的能力，提高学生的职业技能和专业素质。

➢ 提高学生的学习能力，养成良好的思维和学习习惯。

➢ 激发学生的好奇心与求知欲，培养学生的团队合作精神。

活动1 三维建模

观察家务骰子模型，如图2-1所示，发现它的基本框架是一个正方体，8个角上具有倒圆角，6个面上具有不同的家务任务文字。根据先整体后细节的原则，确定建模思路如下：

● 创建一个边长为45mm的正方体，获得骰子的基本结构。

● 创建一个半径为32mm的球体，并与正方体求交，获得8个角的圆角结构。

● 在6个面上创建家务的文字标签。

图2-1　家务骰子模型

≫ 知识储备

三维模型的建立

由于3D打印系统是由三维CAD模型直接驱动，因此，首先要构建三维CAD模型。由三维建模软件创建的模型是3D打印最重要的也是应用最广泛的数据来源。UG（Unigraphics NX）是一款免费的3D建模工具，可以使用一些简单的图形来设计、创建、编辑三维模型或者在一个已有的模型上进行修改。下面将详细介绍UG软件的基本使用知识。

打开UG软件，就会出现如图2-2所示的工作界面，它由文件管理、工具栏、视图工具、尺寸单位、编辑工具、模型库等几个模块共同组成。

下面将对主界面的几个模块进行介绍。

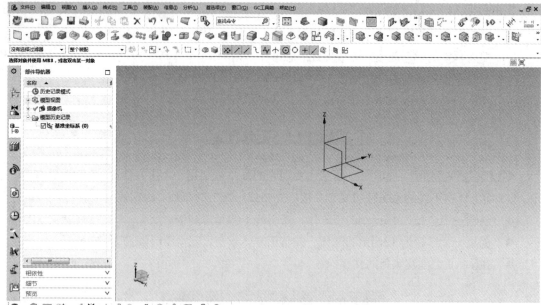

图2-2　UG软件主界面

1. 文件管理

"文件"菜单中包括"新建""打开""插入""保存""导出"等常见文件管理命令，如图2-3所示。

图2-3　文件管理

2. 工具栏

UG软件界面上侧的工具栏，包括系统工具和绘图工具，如图2-4所示。单击工具栏上的图标按钮，即可执行该图标按钮对应的命令。

图2-4　工具栏

3. 视图工具

视图工具如图2-5所示。视图工具的使用有利于快捷地找到合适的编辑角度，简化操作步骤。

4. 编辑工具

选中模型后，会自动弹出编辑工具，如图2-6所示，里面包括一些常用的编辑快捷键，例如，移动、缩放等。

图2-5　视图工具

图2-6　编辑工具

5. 草绘面

草绘面是一张带有标尺和网格的平面，用于编辑和草绘图形。

6. 注册登录

注册账号登录后，可以把模型上传到"My Project"（我的项目）中，这些模型可以离线使用。

7. 模型库

模型库中有连接装置、传动装置、五金、机器人、飞机等各种各样的模型可供下载、编辑和修改。

> **提示**
>
> 鼠标快捷操作如下：
> "左键"单击左键拖动表示选中对象。
> "右键"单击右键拖动表示旋转视图。
> "中键"单击中键拖动表示移动视图；滚动中键表示放大、缩小视图。

▶▶ 操作步骤

1）新建文件。双击软件图标，打开UG软件，单击"文件"→"新建"命令，打开"新建"对话框，如图2-7所示，输入新文件名并选择文件存放位置，单击"确定"按钮进入建模环境，如图2-8所示。

2）插入设计特征1。执行"插入（S）"→"设计特征（E）"→"球（S）"命令，系统弹出如图2-9所示的"球"对话框，然后单击"球"对话框中的"中心点"按钮，系统弹出如图2-10所示的"点"对话框，在"类型"中选择"自动判断的点"，"选择对象"为坐标原点，单击"确定"按钮返回到"球"对话框，输入"直径"为64，"布尔"为"无"单

击"确定"按钮创建如图2-11所示的球体。

3）插入设计特征2。执行"插入（S）"→"设计特征（E）"→"长方体（K）"命令，系统弹出如图2-12所示的"块"对话框，然后单击"块"对话框中的"原点"按钮，系统弹出如图2-13所示的"点"对话框，输入坐标X为-22.5、Y为-22.5，Z为-22.5，单击"确定"按钮返回到"块"对话框，输入"长度""宽度""高度"均为45，"布尔"为"求交"，选择体为"Step2"所创建的"球"体，创建出如图2-14所示的"骰子"模型。

图2-7 "新建"对话框

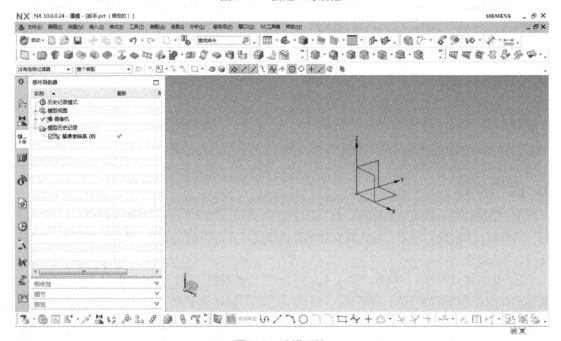

图2-8 建模环境

图2-9 "球"对话框

图2-10 "点"对话框

图2-11 创建的球体

图2-12 "块"对话框

图2-13 "点"对话框

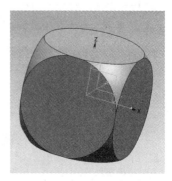

图2-14 "骰子"模型

4）创建文字。执行"插入（S）"→"曲线（C）"→"文本（T）"命令，系统弹出如图2-15所示的"文本"对话框，"类型"选择"平面的"，"文本属性"输入"买菜"，"锚点位置"选择"中心"，然后单击"指定点"按钮，系统弹出如图2-16所示的"点"对话框，输入坐标ZC为22.5，单击"确定"按钮返回到"块"对话框，其他参数采用系统默认设置，单击"确定"按钮创建如图2-17所示的文字样式。

5）拉伸文字。执行"插入（S）"→"设计特征（E）"→"拉伸（E）"命令，系统弹出如图2-18所示的"拉伸"对话框，"截面"选择"Step4"所绘制的文本特征，"限制"选择"值"，开始"距离"输入0，结束"距离"输入-2，"布尔"为"求差"，其他参数采用系统默认设置，单击"确定"创建如图2-19所示的拉伸特征。

6）完成模型。根据第4）步与第5）步的方法创建其他5个面的"做饭""拖地""洗衣""洗碗""待着"的文本特征与拉伸特征，最终效果如图2-20所示。

7）保存模型。执行"文件"→"保存"命令，保存模型。

8）导出STL文件。执行"文件（F）"→"导出（E）"→STL命令，系统弹出"快速成型"对话框，单击"确定"按钮，选择保存位置，单击"确定"按钮，系统弹出"类选择"对话框，框选整个产品单击"确定"按钮，完成STL文件的导出。

图2-15 "文本"对话框

图2-16 "点"对话框

图2-17 文字的创建

图2-18 "拉伸"对话框

图2-19 拉伸效果

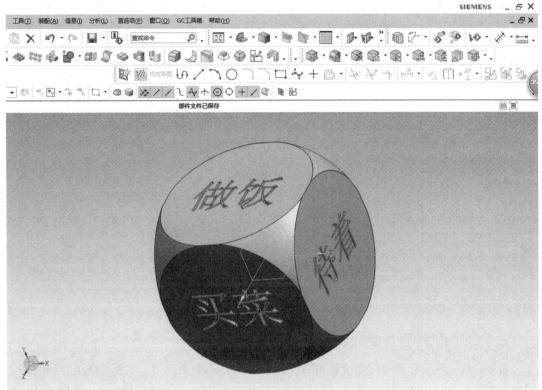

图2-20　家务骰子的三维模型

活动2　切片处理

≫ 知识储备

在获得模型STL文件后，通常需要使用切片软件对数据进行切片处理。在这些离散数据驱动下，打印机才能将耗材逐层堆积成型。通常打印机都会有配套的切片处理或集切片与控制于一体的软件，但对于一些开源3D打印机而言，往往需要寻找数据兼容的开源切片软件。Cura就是一款常用的开源软件，它可以兼容很多基于FDM原理开发的3D打印机，并且其具有切片速度快、切片稳定、对3D模型结构包容性强、设置参数少等诸多优点，因此应用较为广泛。下面将详细介绍Cura软件的基本使用。

一、Cura软件界面介绍

Cura软件的主要作用是将模型分层切片，根据模型形状生成不同的路径，从而生成整个三维模型的GCode代码，该代码可导出后进行脱机打印，导出的文件扩展名为".gcode"。打开Cura软件，进入如图2-21所示的工作界面。界面分为左右两大区，左侧为参数栏，有基本设置、高级设置及插件等，右侧是三维视图栏，可对模型操作状态进行实时显示。

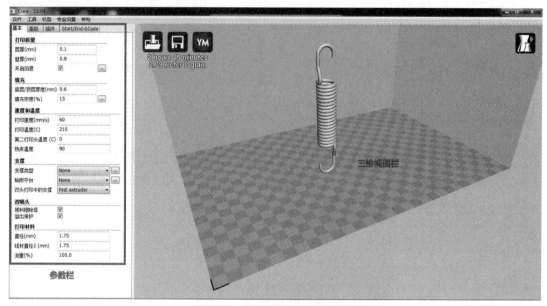

图2-21 Cura软件的工作界面

二、Cura软件基本参数设置

通常切片处理工艺通常只需设置如图2-22所示的基本参数即可。下面将详细介绍这几个基本参数的含义与设置技巧。

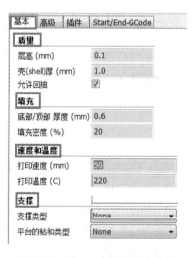

图2-22 Cura软件的基本参数

1. 质量

层高：打印每层的高度，是决定侧面打印质量的重要参数，最大层高不得超过喷头直径的80%。默认参数是0.2mm，可调范围为0.1~0.3mm。

壳厚：模型侧面外壁的厚度，一般设置为喷头直径的整数倍。默认参数是0.8mm。

允许回抽：当打印喷头需要跨越空白区域时（如模型出现空腔结构），挤出机构会将喷头里的材料根据设置按照一定的速度回抽一定长度，避免挤出材料持续流出破坏空白结构。

2. 填充

底部/顶部厚度：模型上下面的厚度，一般为层高的整数倍。默认参数为0.6mm。可根据模型需要调整。

填充密度：模型内部的填充密度，默认参数为20%，可调范围为0%～100%。0%为全部空心，100%为全部实心，根据打印模型强度需要自行调整。

3. 速度与温度

打印速度：打印时喷嘴的移动速度，也就是吐丝时运动的速度。通常打印结构复杂或体积较小的模型使用低速，一般使用30.0mm/s即可，较大的规则模型使用高速80～100mm/s。

打印温度：熔化耗材的温度，不同厂家的耗材熔化温度不同。对于ABS材料，可调范围是200～225℃；对于PLA材料，可调范围是180～210℃。

4. 支撑

支撑类型：设置是否打印支撑或者模型底部的网状支撑结构，有不添加任何支撑（None）、仅底盘添加支撑（Exterior Only）和处处添加支撑（Everywhere）三个选项，需要根据模型的结构和剥离支撑难易程度进行设置。

≫ 操作步骤

切片工艺分析

骰子模型整体较为规整，无悬空结构，可不设置支撑，但为了提高底面精度，可设置在模型底部设置一层"Raft"基底支撑。

模型整体外形尺寸为45mm×45mm×45mm，尺寸较小，为了提高打印精度，可以将速度调低，设置为30mm/s。

1）机型设置。打开软件的安装目录，进入"resources"文件夹，然后再进入"machine_profiles"文件夹。把SD卡内的"machine_profiles"文件夹下的所有"*.ini"文件复制过来。

打开Cura软件，在菜单栏中单击"Add new machine…"选项，打开"配置对话框"，如图2-23所示，选择"其他机型"，并单击"下一步"按钮，在其他机型信息中，选择您所对应的机型，单击"下一步"按钮，再单击"完成"按钮。

2）调取耗材的打印配置参数。打开Cura软件，如图2-24所示，执行"文件"→"打开配置文件"命令，选择SD卡中相应的配置文件即可。

3）读取模型文件。执行"文件"→"读取模型文件"命令，打开"3D模型"对话框，将"jiawutouzi.stl"文件导入软件中，如图2-25和图2-26所示。

图2-23　选择3D打印机

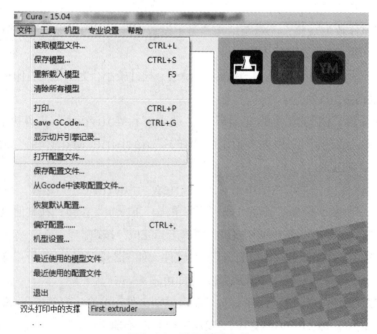

图2-24　读取配置文件

图2-25　读取模型文件

图2-26　"打开3D模型"对话框

4）基本参数设置。在左侧"基本"栏中上设置如图2-27所示的参数："层高"为0.2mm；"填充密度"为20%；"打印速度"为30mm/s；"打印温度"为210℃；"粘附平台"的粘合类型为Raft（完全跟模型底部接触）。

5）保存GCode文件。单击"保存"按钮，打开"Save toolpath"对话框设置保存位置后单击"保存"按钮，完成家务骰子的切片处理，如图2-28所示。

图2-27　"基本"参数设置

图2-28　保存GCode文件

活动3　打印骰子

实训设备及配件

实训中会使用到的设备和配件包括3DDP-Ⅲ打印机、PLA耗材、SD卡及铲子等后处理工具，具体如图2-29所示。

图2-29　3DDP-Ⅲ打印机及配件

▶ 操作步骤

（1）读取模型文件

开启3D打印机的电源，通过SD卡将切片文件拷贝导入设备中。通过控制旋钮选择"Print from SD"（SD卡菜单）→"jiawutouzi.gcode"后，喷头开始升温，如图2-30和图2-31所示。

图2-30　SD卡菜单　　　　　　　　图2-31　读取模型文件

（2）模型打印

当喷头温度达到打印温度210℃时，打印机的喷嘴和平台自动归位，在层片模型的驱动下，将耗材逐层叠加成实体，打印过程如图2-32～图2-34所示。

图2-32　家务骰子打印完成1%　　图2-33　家务骰子打印完成10%　　图2-34　家务骰子打印完成85%

（3）移除及支撑剥离

如图2-35所示，打印完成后，在模型完全冷却前使用铲子等工具将其从成型板上移出，通过手动剥离或美工刀等工具剥离的方式剥离家务骰子底部设有的基底支撑。

此时，家务骰子的制作就完成了。

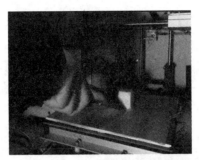

图2-35　家务骰子模型移除

拓展训练

一、笔筒的3D打印

寻找身边的实物，例如，手机、笔筒（见图2-36）、水杯等，采用UG软件创建其三维模型，给自己设计一个笔筒（外径为70mm，高为100mm，壁厚为2mm，底厚为3mm），并将其打印出来。要求打印物品表面质量良好。

二、七巧板的3D打印

设计一个七巧板，如图2-37所示，并将其打印出来。

图2-36　笔筒参考

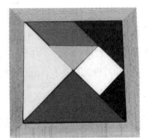

图2-37　七巧板

实训评价

评价模块	序　号	评价标准	配　分	评　分			得　分
				自评	小组	老师	
理论知识 30分	1	了解3D打印的概念、分类、应用领域及工作流程	5				
	2	熟悉UG建模软件基本知识	10				
	3	熟悉Cura切片软件基本应用	10				
	4	初步认识3DDP-III打印机的工作原理与结构组成	5				
实操技能 50分	5	学会使用UG软件的图元工具创建三维模型	10				
	6	能够使用文字工具创建标签	10				
	7	掌握Cura的切片处理中基本参数的设置	15				
	8	初步学会使用3DDP-III打印机打印规则简单物品	15				
职业素养 20分	9	遵守课堂纪律，服从指导老师和小组长的安排	5				
	10	不迟到、不早退、不旷课	10				
	11	课堂讨论阶段主动积极，与同学相互配合	5				

实训2 打印扳手

在3D打印时，有时设计的模型存在悬空结构，为了防止打印模型发生坍塌，需要在切片时设置支撑。扳手是人们生活中常用的物品，应用广泛。本实训使用UG软件设计一款扳手，并打印出来，如图2-38所示。

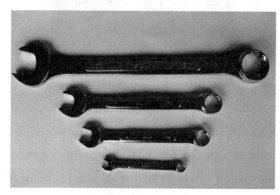

图2-38 扳手

▶ 学习目标

知识目标

➢ 了解STL格式文件的基本知识。

➢ 了解常见的3D打印材料。

➢ 熟悉3DDP-Ⅲ打印机的工作原理与结构组成。

扫描二维码观看视频

技能目标

➢ 掌握使用UG软件的图元工具创建规则三维模型的方法。

➢ 掌握Cura软件的切片处理流程。

➢ 学会使用3DDP-Ⅲ打印机打印规则简单的物品。

情感目标

➢ 培养学生分析、解决生产实际问题的能力，提高学生的职业技能和专业素质。

➢ 提高学生的学习能力，养成良好的思维和学习习惯。

➢ 激发学生的好奇心与求知欲，培养学生的团队合作精神。

活动1 三维建模

建模思路分析

观察如图2-39所示的扳手的模型，据先整体后细节的原则，确定建模思路如下：

● 创建扳手主体。

● 对扳手进行倒角。

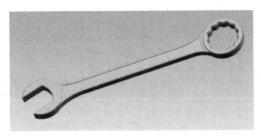

图2-39 扳手模型

▶▶ 操作步骤

1）新建文件。双击软件图标，打开NX软件，执行"文件"→"新建"命令，打开"新建"对话框，如图2-40所示，输入新文件名并选择文件存放位置，单击"确定"按钮进入如图2-41所示的建模环境。

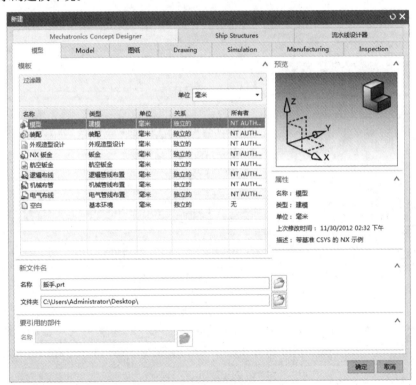

图2-40 创建模型

2）绘制如图2-42所示的草图1。执行"插入（S）"→"在任务环境中绘制草图（V）"命令；系统弹出"创建草图"对话框，选择XY基准平面为"草图平面"，单击"确定"按钮进入绘制草图界面，绘制如图2-42所示的草图，单击"完成草图"按钮退出草图环境完成草图1的绘制。

3）创建如图2-43所示的拉伸特征1。执行"插入（S）"→"设计特征（E）"→"拉伸（E）"命令，系统弹出"拉伸"对话框；在"截面"区域选择"草图1"为截面曲线，在"限制"区域的"结束"位置选择对称值，输入值4；其他参数采用系统默认设置，单击"确定"按钮完成拉伸特征1的创建。

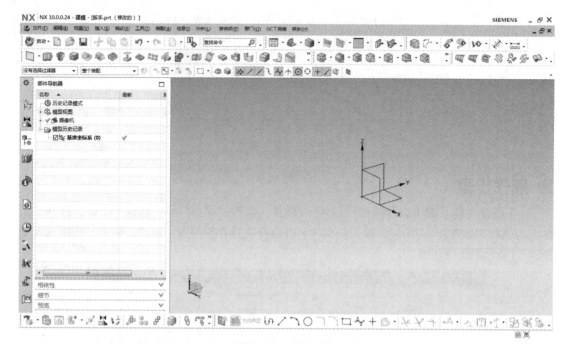

图2-41　建模环境

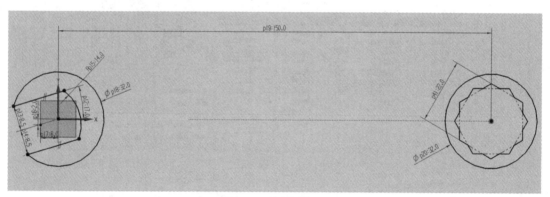

图2-42　扳手草图1

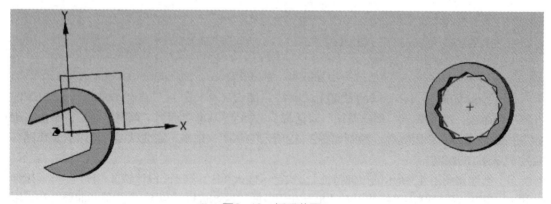

图2-43　扳手草图2

4）创建如图2-44所示的拉伸特征2。执行"插入（S）"→"设计特征（E）"→"拉伸（E）"命令，系统弹出"拉伸"对话框；单击"截面"区域的 按钮，选择XY基准平面为"草图平面"，绘制如图2-45所示的草图，单击"完成草图"按钮退出草图环境；在"限制"区域的"结束"位置选择对称值，输入值3；其他参数采用系统默认设置，单击"确定"按钮完成拉伸特征2的创建。

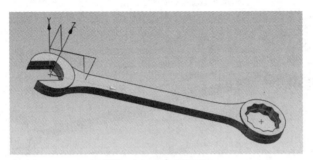

图2-44　扳手草图3

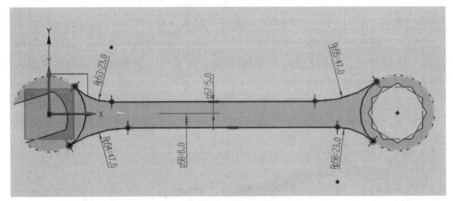

图2-45　扳手草图4

5）求和。执行"插入（S）"→"组合（B）"→"合并（U）"命令，系统弹出"合并"对话框；选择拉伸特征2为"目标"体，拉伸特征1为"工具"体，单击"确定"按钮完成求和命令。

6）绘制如图2-46所示的草图2。执行"插入（S）"→"在任务环境中绘制草图（V）"命令；系统弹出"创建草图"对话框，选择XY基准平面为"草图平面"，单击"确定"进入绘制草图界面，绘制如图2-46所示的草图，单击"完成草图"退出草图环境完成草图2的绘制。

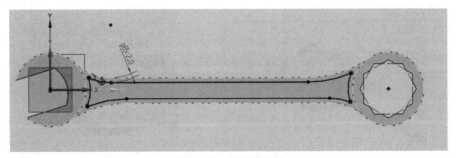

图2-46　扳手草图5

7）创建如图2-47所示的拉伸特征3。执行"插入（S）"→"设计特征（E）"→"拉伸（E）"命令，系统弹出"拉伸"对话框，在"限制"区域的"开始"位置选择值，输入值2.5，"结束"选择贯通，"布尔"为"求差"，其他参数采用系统默认设置，单击"确定"按钮完成拉伸特征3的创建。

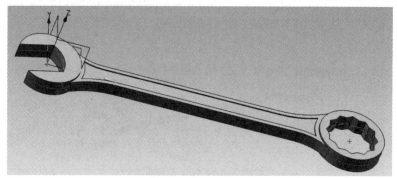

图2-47　扳手草图6

8）创建如图2-48所示的拉伸特征4。执行"插入（S）"→"设计特征（E）"→"拉伸（E）"命令，系统弹出"拉伸"对话框，在"限制"区域的"开始"位置选择值，输入值2.5，"结束"选择贯通，单击反向，"布尔"为"求差"，其他参数采用系统默认设置，单击"确定"按钮完成拉伸特征4的创建。

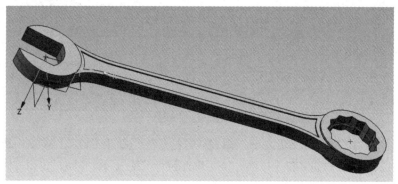

图2-48　扳手草图7

9）创建如图2-49所示的倒斜角特征1。执行"插入（S）"→"细节特征（L）"→"倒斜角（M）"命令，系统弹出"倒斜角"对话框，在"要倒斜角的曲线"区域选择如图2-50所示的边为要倒角的边，在"距离"文本框中输入值1，其他参数采用系统默认设置，单击"确定"按钮完成倒斜角特征1的创建。

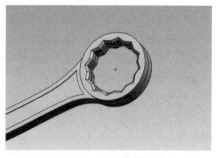

图2-49　扳手草图8

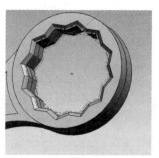

图2-50　扳手草图9

10）创建如图2-51所示的边倒圆特征1。执行"插入（S）"→"细节特征（L）"→"边倒圆（E）"命令，系统弹出"边倒圆"对话框，在"要倒圆的边"区域选择如图2-52所示的边为要倒圆的边，在"距离"文本框中输入值1，其他参数采用系统默认设置，单击"确定"按钮完成边倒圆特征1的创建。

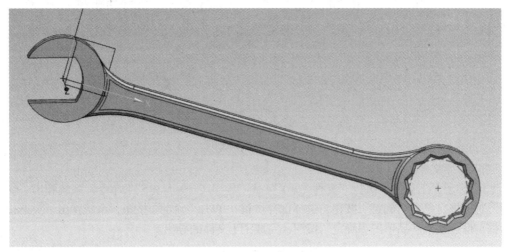

图2-51　扳手草图10

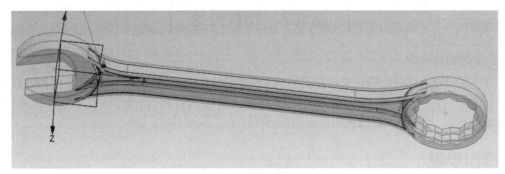

图2-52　扳手草图11

11）创建如图2-53所示的边倒圆特征2。执行"插入（S）"→"细节特征（L）"→"边倒圆（E）"命令，系统弹出"边倒圆"对话框，在"要倒圆的边"区域选择如图2-54所示的边为要倒圆的边，在"距离"文本框中输入值0.5，其他参数采用系统默认设置，单击"确定"按钮完成边倒圆特征2的创建。

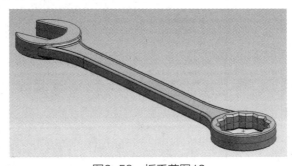

图2-53　扳手草图12

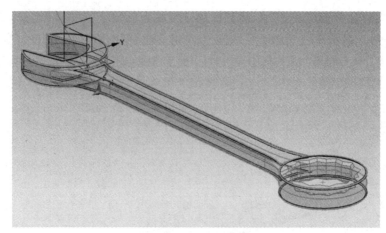

图2-54　扳手草图13

12）保存文件。

13）导出STL文件，执行"文件（F）"→"导出（E）"→STL命令，系统弹出"快速成型"对话框，单击"确定"按钮，选择保存位置，单击"确定"按钮，系统弹出"类选择"对话框，框选整个产品单击"确定"按钮，完成STL文件的导出。

活动2　切片处理

扳手的切片处理

扳手模型设计完成之后，要将导出的STL模型导入切片软件进行切片处理，使得3D打印机能够识别文件，然后按照每一层的文件进行逐层打印。现在将设计好的STL扳手模型进行切片和参数设置，使打印机最终按照打印要求进行打印。

▶▶ 操作步骤

1）读取模型文件。执行"文件"→"读取模型文件"命令，将"banshou. stl"文件导入软件中，如图2-55和图2-56所示。

图2-55　读取模型文件

图2-56　"打开3D模型"对话框

2）调整摆放模型，放置到底板正中间，如图2-57所示。

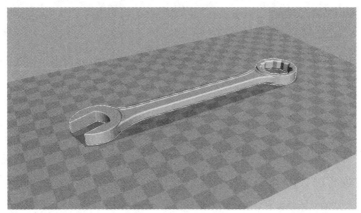

图2-57　扳手模型图

3）基本参数设置。在左侧"基本"栏中上设置如图2-58所示的参数。由于扳手中间部分悬空，因此需要设置打印支撑。

4）打印数据生成。打印参数设置完成后，单击"确定"按钮，切片软件开始对模型进行切片处理，并估算打印时间和消耗的耗材长度，如图2-59所示。

53 minutes
4.14 meter 12 gram

图2-58　基本参数设置　　　　　　　　　　图2-59　模型打印时间

5）保存GCode文件。执行"文件"→"保存GCode"命令，弹出"Save toolpath"对话框，设置保存位置后单击"保存"按钮，完成扳手的切片处理，如图2-60所示。

图2-60 保存GCode文件

| 活动3 打印扳手 |

实训设备及配件

实训中会使用到的设备和配件包括3DDP-Ⅲ打印机、PLA耗材、SD卡及铲子等后处理工具，具体如图2-61所示。

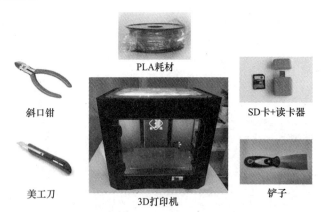

图2-61 3DDP-Ⅲ打印机及配件

≫ 操作步骤

（1）读取模型文件

开启3D打印机的电源，通过SD卡将切片文件拷贝导入设备中。通过控制旋钮选择"banshou.gcode"后，喷头开始升温。

（2）模型打印

当喷头温度达到打印温度210℃时，打印机的喷头和平台自动归位，在层片模型的驱动下，将耗材逐层叠加成实体，打印过程如图2-62和图2-63所示。

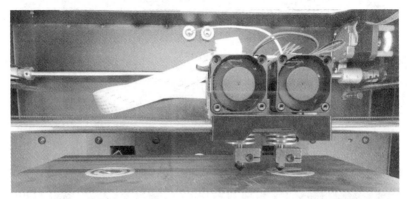

图2-62　扳手打印过程1

图2-63　扳手打印过程2

（3）模型拆卸

如图2-64所示，打印完成后，在模型完全冷却前使用铲子等工具将其从成型板上移出。用铲子从一边撬松模型，然后慢慢地将模型撬下。

图2-64　扳手模型移除

（4）模型的修整

由于打印了支撑，因此需要把支撑去除。同时在模型上存在很多拉丝和毛边，需要使用小刀、砂纸等工具对模型进行修整。这样，扳手就打印完成了。

拓展训练

一、双头扳手的3D打印

设计一个双头扳手，如图2-65所示，将其打印出来。

二、钳子的3D打印

设计一个钳子，如图2-66所示，将其打印出来。

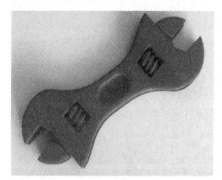

图2-65　双头扳手

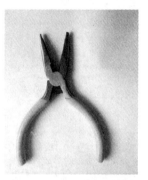

图2-66　钳子

实训评价

评价模块	序　号	评价标准	配　分	评　分			得　分
				自评	小组	老师	
理论知识 30分	1	熟悉3D打印的概念、分类、应用领域及工作流程	5				
	2	掌握使用UG建模软件设计简单模型的方法	10				
	3	熟悉Cura切片软件使用	10				
	4	掌握3DDP-Ⅲ打印机的工作原理与结构组成	5				
实操技能 50分	5	熟练使用UG软件的图元工具创建三维模型	10				
	6	掌握使用UG软件对模型进行倒角处理的方法	10				
	7	掌握Cura切片处理中基本参数的设置	15				
	8	掌握使用3DDP-Ⅲ打印机打印简单模型的方法	15				
职业素养 20分	9	遵守课堂纪律，服从指导老师和小组组长的安排	5				
	10	不迟到、不早退、不旷课	10				
	11	课堂讨论阶段主动积极，与同学相互配合	5				

实训3　打印齿轮

齿轮是重要的机械零件之一，它广泛用于各种机械装置及机构中。UG软件自带了齿轮建模工具，可以很方便地对齿轮进行建模设计。本实训中，将使用UG软件设计一款齿轮，并通过3D打印进行制造。齿轮如图2-67所示，基本参数见表2-1。

图2-67　齿轮图

扫描二维码观看视频

表2-1　齿轮的基本参数

名　　称	代　号	数　　值
模数	m	2.5
齿数	z	20
齿形角	α	20°
齿宽	b	16

▶ 学习目标

知识目标

➢ 熟悉STL格式文件的基本知识。

➢ 熟悉常见的3D打印材料。

➢ 熟悉3DDP-Ⅲ打印机的工作原理与结构组成。

技能目标

➢ 掌握UG软件的零件建模工具。

➢ 掌握Cura软件的切片处理流程。

➢ 掌握3DDP-Ⅲ打印机打印的操作。

情感目标

➢ 培养学生分析、解决生产实际问题的能力，提高学生的职业技能和专业素质。

➢ 提高学生的学习能力，养成良好的思维和学习习惯。

➢ 激发学生的好奇心与求知欲，培养学生的团队合作精神。

活动1　三维建模

建模思路分析

观察图2-68中的齿轮模型，发现基本框架由齿轮的主体以及中间部分的键槽构成，根据先整体后细节的原则，确定建模思路如下：

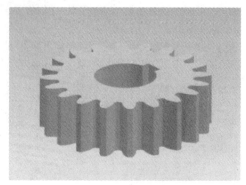

图2-68　齿轮参考图

- 用GC工具箱中的齿轮建模功能创建齿轮主体。
- 用拉伸的方法完成最终的齿轮模型创建。

▷ 操作步骤

1) 新建文件。双击软件图标，打开NX软件，执行"文件"→"新建"命令，打开"新建"对话框，如图2-69所示，输入新文件名并选择文件存放的位置，单击"确定"按钮进入如图2-70所示的建模环境。

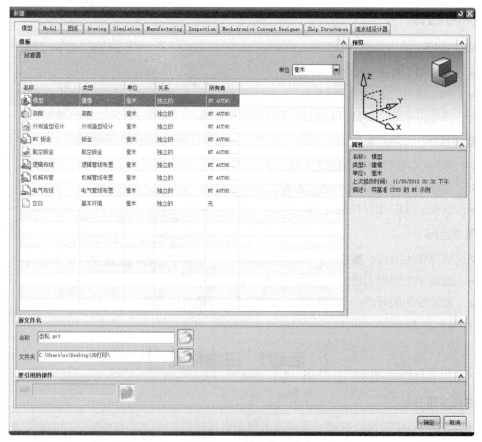

图2-69　创建模型

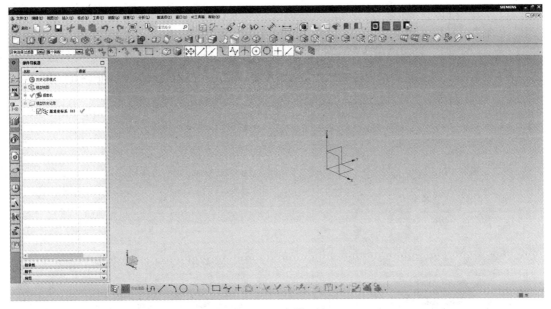

图2-70　建模环境

2）创建如图2-71所示的齿轮模型1。执行"GC工具箱"→"齿轮建模"→"柱齿轮"命令，系统弹出"渐开线圆柱齿轮建模"对话框，"齿轮操作方式"选择"创建齿轮"，单击"确定"按钮；系统弹出"渐开线圆柱齿轮类型"对话框，参数采用系统默认设置，单击"确定"按钮，系统弹出"渐开线圆柱齿轮参数"对话框，单击"标准齿轮"选项卡输入如图2-72所示的齿轮参数，单击"确定"按钮，"矢量"选择"ZC轴"，单击"确定"按钮，"点位置"选择"坐标原点"，单击"确定"按钮，完成齿轮模型的创建。

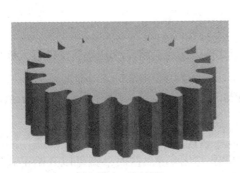

图2-71　齿轮图

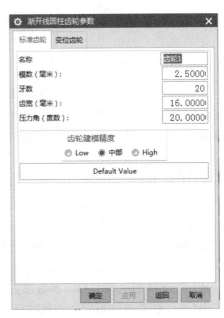

图2-72　齿轮参数

3）创建如图2-73所示的拉伸特征1。执行"插入（S）"→"设计特征（E）"→"拉伸（E）"命令，系统弹出"拉伸"对话框，选择XY平面为"草图平面"，绘制如图2-74所示的草图，单击"确定"按钮退出草图环境；"限制"区域"开始"和"结束"都选择贯通，"布尔"为"求差"，其他参数采用系统默认设置，单击"确定"按钮完成拉伸特征1的创建。

图2-73　齿轮草图1

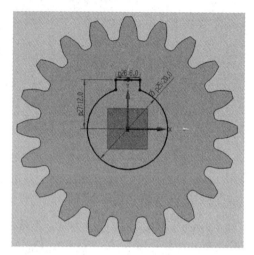

图2-74　齿轮草图2

4）保存文件。

5）导出STL文件，执行"文件（F）"→"导出（E）"→STL命令，系统弹出"快速成型"对话框，单击"确定"按钮，选择保存位置，单击"确定"按钮，系统弹出"类选择"对话框，框选整个产品单击"确定"按钮，完成STL文件的导出。

活动2　切片处理

齿轮的切片处理

齿轮模型设计完成之后，将导出的STL模型导入切片软件进行切片处理，使得3D打印机能够识别文件，然后按照每一层的文件进行逐层打印。现在将设计好的STL弹簧模型进行切片和参数设置，使打印机最终按照打印要求进行打印。

▶▶ 操作步骤

1）读取模型文件。执行"文件"→"读取模型文件"命令，将"chilun"文件导入软件中，如图2-75和图2-76所示。

2）基本参数设置。在左侧"基本"栏中上设置如图2-77所示的参数：层厚：0.3mm；填充密度：20%；打印速度：60mm/s；打印温度：210℃。

3）打印数据生成。打印参数设置完成后，切片软件开始对模型进行切片处理，如图2-78所示，估算打印时间和消耗的耗材长度，如图2-79所示。这时，就可以开始正式打印了。

图2-75 读取数据文件

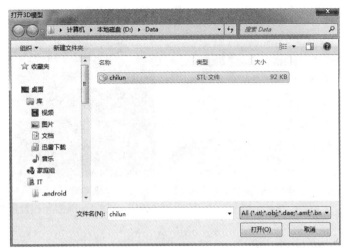

图2-76 "打开3D模型"对话框

图2-77 基本参数设置

图2-78 打印准备

图2-79 打印时间

活动3 打印齿轮

实训设备及配件

实训中会使用到的设备和配件包括3DDP-Ⅲ打印机、PLA耗材、SD卡及铲子等后处理工具，具体如图2-80所示。

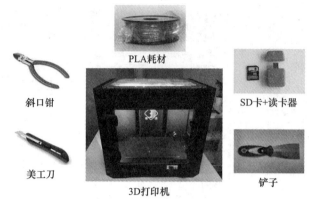

图2-80　3DDP-Ⅲ 打印机及配件

▶ 操作步骤

（1）读取模型文件

开启3D打印机的电源，通过SD卡将切片文件拷贝导入设备中，如图2-81所示，通过控制旋钮选择"chilun.gcode"后，喷头开始升温。

图2-81　读取模型文件

（2）模型打印

当喷头温度达到打印温度210℃时，打印机的喷头和平台自动归位，在层片模型的驱动下，将耗材逐层叠加成实体，打印过程如图2-82～图2-84所示。

图2-82　齿轮打印完成1%　　　图2-83　齿轮打印完成10%　　　图2-84　齿轮打印完成85%

（3）移除及支撑剥离

如图2-85所示，打印完成后，在模型完全冷却前使用铲子等工具将其从成型板上移出，在撬动模型时，防止被喷头烫伤。

此时，齿轮的制作就完成了。打印的齿轮模型，如图2-86所示。

图2-85　齿轮模型移除

图2-86　打印成型的齿轮

拓展训练

一、手镯的3D打印

给自己设计一款手镯，并将其打印出来，如图2-87所示。

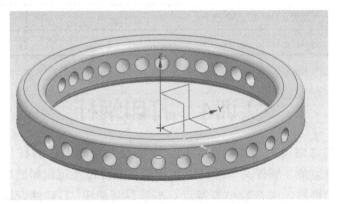

图2-87　手镯

二、齿轮的3D打印

设计一个如图2-88所示的齿轮，并将其打印出来。

图2-88　齿轮

实训评价

评价模块	序 号	评价标准	配 分	评 分			得 分
				自评	小组	老师	
理论知识 30分	1	熟悉STL格式文件的基本知识	5				
	2	熟悉常见的3D打印材料	10				
	3	熟悉Cura切片软件的基本应用方法	10				
	4	熟悉3DDP-Ⅲ打印机的工作原理与结构组成	5				
实操技能 50分	5	学会使用UG软件的图元工具创建三维模型	10				
	6	掌握UG软件的零件建模工具	10				
	7	掌握Cura软件的切片处理流程	15				
	8	掌握3DDP-Ⅲ打印机打印零件的方法	15				
职业素养 20分	9	遵守课堂纪律，服从指导老师和小组组长的安排	5				
	10	不迟到、不早退、不旷课	10				
	11	课堂讨论阶段主动积极，与同学相互配合	5				

实训4　打印蜗杆

蜗轮蜗杆机构常常用来传递两交错轴之间的运动和动力。蜗杆与蜗轮在其中间平面内相当于齿轮与齿条，蜗杆又与螺杆形状相似。蜗杆传动可以得到较大的传动比，具有结构紧凑、传动平稳、噪音较小等特点。本项目将使用UG软件设计一款蜗杆，如图2-89所示。

扫描二维码观看视频

图2-89　蜗杆参考图

▶▶ 学习目标

知识目标

➤ 熟悉STL格式文件的基本知识。

➤ 熟悉常见的3D打印材料。

> ➤ 熟悉3DDP-III打印机的工作原理与结构组成。

技能目标

> ➤ 掌握UG软件的零件建模工具。
> ➤ 掌握Cura软件的切片处理流程。
> ➤ 掌握3DDP-III打印机打印的操作。

情感目标

> ➤ 培养学生分析、解决生产实际问题的能力，提高学生的职业技能和专业素质。
> ➤ 提高学生的学习能力，养成良好的思维和学习习惯。
> ➤ 激发学生的好奇心与求知欲，培养学生的团队合作精神。

活动1　三维建模

建模思路分析

观察如图2-90所示的蜗杆模型，根据先整体后细节的原则，确定建模思路如下：

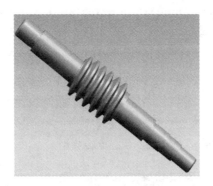

图2-90　蜗杆

- ● 创建蜗杆主体模型。
- ● 对蜗杆两端进行倒角。
- ● 创建键槽。
- ● 创建出齿形。

▶▶ 操作步骤

1）新建文件。双击软件图标，打开NX软件，执行"文件"→"新建"命令，打开"新建"对话框，如图2-91所示，输入新文件名并选择文件存放位置，单击"确定"按钮进入如图2-92所示的建模环境。

2）创建如图2-93所示的旋转特征1。执行"插入（S）"→"设计特征（E）"→"旋转（R）"命令，系统弹出"旋转"对话框，单击"截面"区域的 按钮，选择YZ平面为"草图平面"，单击"确定"按钮进入绘制草图环境；绘制如图2-94所示的草图，单击"完成草图"退出草图环境；选择ZC轴为旋转轴，其他参数采用系统默认设置，单击"确定"按钮完成旋转特征1的创建。

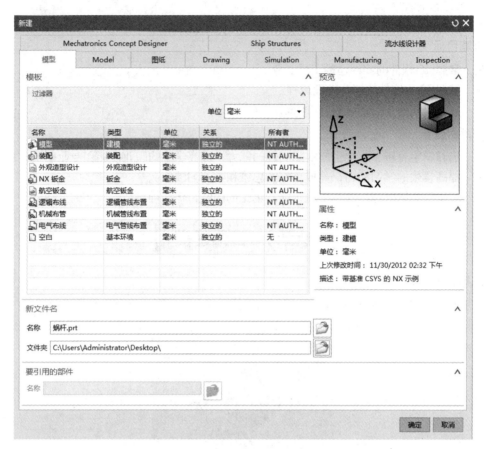

图2-91　创建模型

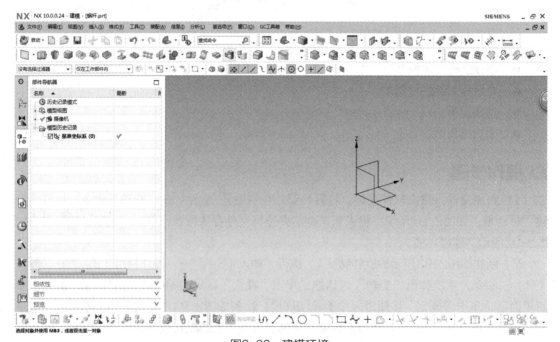

图2-92　建模环境

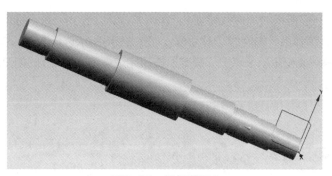

图2-93　蜗杆草图1

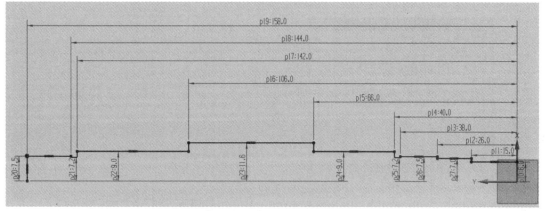

图2-94　蜗杆草图2

3）创建如图2-95所示的拉伸特征2。执行"插入（S）"→"设计特征（E）"→"拉伸（E）"命令，系统弹出"拉伸"对话框，单击"截面"区域的按钮，选择YZ为"草图平面"，绘制如图2-96所示的草图，单击"完成草图"退出草图环境；在"限制"区域的"开始"位置选择值，输入值3.5，在"结束"位置选择贯通，"布尔"为"求差"，其他参数采用系统默认设置，单击"确定"按钮完成拉伸特征2的创建。

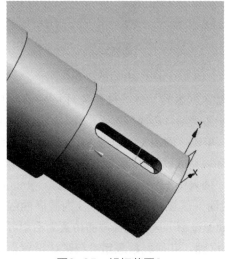

图2-95　蜗杆草图3

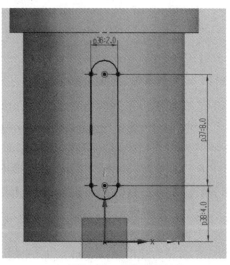

图2-96　蜗杆草图4

4）创建如图2-97所示的螺旋线特征1。执行"插入（S）"→"曲线（C）"→"螺旋线（X）"命令，系统弹出"螺旋线"对话框，如图2-98所示选择参数，在如图2-99所示的CSYS旁的Z文本框中输入值66，单击"确定"按钮完成螺旋线特征1的创建。

图2-97　蜗杆草图5

图2-98　蜗杆草图6

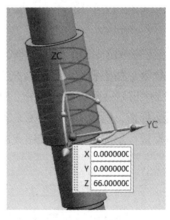

图2-99　蜗杆草图7

5）绘制如图2-100所示的草图1。执行"插入（S）"→"在任务环境中绘制草图（V）"命令，系统弹出"创建草图"对话框，"草图类型"选择"基于路径"，选择螺旋线特征1为"路径"，如图2-101所示选择其他参数，单击"确定"按钮进入草绘平面，绘制如图2-100所示的草图，单击"完成草图"退出草图环境完成草图1的绘制。

6）创建如图2-102所示的扫掠特征1。执行"插入（S）"→"扫掠（W）"→"扫掠（S）"命令，系统弹出"扫掠"对话框，在"截面"区域选择草图特征1为截面曲线，在"引导线"区域选择螺旋线特征1为引导线，在"截面选项"区域选择截面位置为沿引导线任何位置，"定位方法"选择矢量方向，指定矢量为Z轴，其他参数采用系统默认设置，单击"确定"按钮完成扫掠特征1的创建。

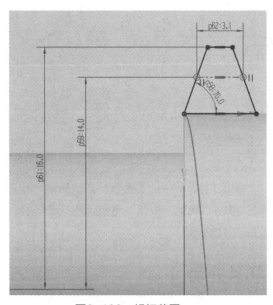

图2-100　蜗杆草图

图2-101　蜗杆草图

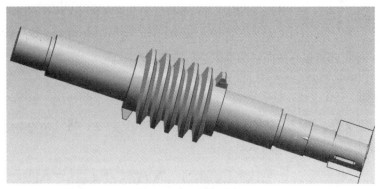

图2-102　蜗杆草图

　　7）创建图2-103的倒角特征1。执行"插入（S）"→"细节特征（L）"→"倒斜角（M）"命令，系统弹出"倒斜角"对话框，在"边"区域选择如图2-104所示的边为要倒角的边，在"距离"文本框中输入值1，其他参数采用系统默认设置，单击"确定"按钮完成倒角特征1的创建。

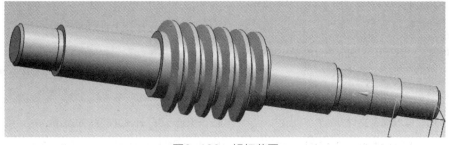

图2-103　蜗杆草图

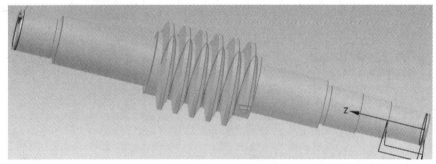

图2-104　蜗杆草图

8）保存文件。

9）导出STL文件，执行"文件（F）"→"导出（E）"→STL命令，系统弹出"快速成型"对话框，单击"确定"按钮，选择保存位置，单击"确定"按钮，系统弹出"类选择"对话框，框选整个产品单击"确定"按钮，完成STL文件的导出。

活动2　切片处理

切片处理

蜗杆模型设计完成之后，要将导出的STL模型导入切片软件进行切片处理，使得3D打印机能够识别文件，然后按照每一层的文件进行逐层打印。现在将设计好的STL蜗杆模型进行切片和参数设置，使打印机最终按照打印要求进行打印。

≫ 操作步骤

1）读取模型文件。执行"文件"→"读取模型文件"命令，将"wogan.stl"文件导入软件中，如图2-105和图2-106所示。

图2-105　读取模型文件

图2-106　"打开3D模型"对话框

2）调整摆放模型。打开蜗杆模型后发现需要把模型旋转90°，单击旋转（Rotate），然后发现模型表面出现3个环，颜色分别是红黄绿，表示X轴、Y轴和Z轴。单击黄色环，将模型旋转90°，并放置到底板正中间，如图2-107和图2-108所示。

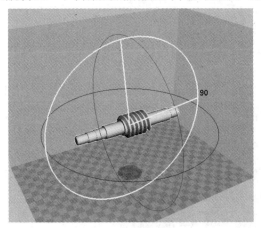

图2-107　蜗杆草图1

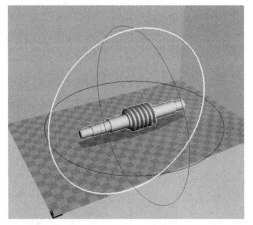

图2-108　蜗杆草图2

3）基本参数设置。在左侧"基本"栏中上设置如图2-109所示的参数：层高：0.2mm；填充密度：20%；底层/顶层厚度：0.8mm；打印速度：60mm/s；打印温度：210℃。由于蜗杆主体特征悬空，因此需要增加打印支撑。

4）打印数据生成。打印参数设置完成后，切片软件开始对模型进行切片处理，并估算打印时间和消耗的耗材长度，如图2-110所示。这时，就可以开始正式打印了。

图2-109　基本参数设置

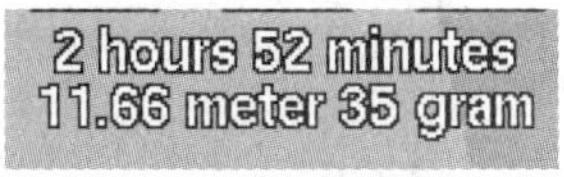

图2-110　打印时长

活动3　打印蜗杆

实训设备及配件

实训中会使用到的设备和配件包括3DDP-Ⅲ打印机、PLA耗材、SD卡及铲子等后处理工具，具体如图2-111所示。

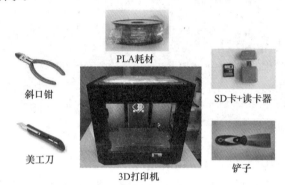

图2-111　3DDP-Ⅲ打印机及配件

▶ 操作步骤

（1）读取模型文件

开启3D打印机的电源，通过SD卡将切片文件拷贝导入设备中。如图2-112和图2-113所示，通过控制旋钮选择"wogan.gcode"后，喷头开始升温。

图2-112　选择wogan.gcode　　　　图2-113　读取模型文件

（2）模型打印

当喷头温度达到打印温度210℃时，打印机的喷头和平台自动归位，在层片模型的驱动下，将耗材逐层叠加成实体，打印过程如图2-114所示。

图2-114　蜗杆打印过程

（3）移除模型

打印完成后，在模型完全冷却前使用铲子等工具将其从成型板上移出，模型底面粘在打印平台上，十分牢固。这时需要把模型从平台上安全地扯下来，还要防止被喷头烫伤。

（4）模型的修整

由于打印了支撑，因此需要把支撑去掉。同时，模型上面存在很多拉丝和毛边，需要用小刀和砂纸等工具对模型进行修整。这时，蜗杆模型就打印完成了，如图2-115所示。

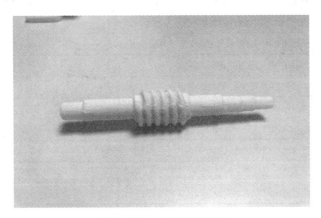

图2-115　打印好的蜗杆

拓展训练

一、水壶的3D打印

设计一款水壶，并将其打印出来，如图2-116所示。

二、杯子的3D打印

设计一款水杯，并将其打印出来，如图2-117所示。

图2-116　水壶

图2-117　水杯

实训评价

评价模块	序 号	评 价 标 准	配 分	评 分			得 分
				自评	小组	老师	
理论知识 30分	1	熟悉STL格式文件的基本知识	5				
	2	熟悉常见的3D打印材料	10				
	3	熟悉Cura切片软件的基本应用	10				
	4	熟悉3DDP-III打印机的工作原理与结构组成	5				
实操技能 50分	5	学会使用UG软件中的倒角设置	10				
	6	学会使用UG软件中的螺纹命令	10				
	7	掌握Cura切片处理中旋转的设置	15				
	8	熟练掌握3DDP-III打印机打印零件的方法	15				
职业素养 20分	9	遵守课堂纪律，服从指导老师和小组组长的安排	5				
	10	不迟到、不早退、不旷课	10				
	11	课堂讨论阶段主动积极，与同学相互配合	5				

实训5　打印六角头螺栓和六角螺母

　　螺栓和螺母在日常生活中应用非常广泛。六角头螺母与螺栓、螺钉配合使用，起连接紧固机件的作用，螺栓按材质分有铁螺栓和不锈钢螺栓。本实训将使用UG软件中的螺纹命令，设计和打印一组配合使用的六角头螺栓和螺母，如图2-118所示。

扫描二维码观看视频

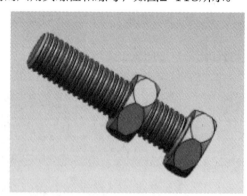

图2-118　螺栓和螺母参考图

▶▶ 学习目标

知识目标

➤ 熟悉STL格式文件的基本知识。

➤ 熟悉常见的3D打印材料。

➢ 熟悉3DDP-III打印机的工作原理与结构组成。

技能目标

➢ 掌握UG软件的零件建模工具。

➢ 掌握Cura软件的切片处理流程。

➢ 掌握3DDP-III打印机打印的操作。

情感目标

➢ 培养学生分析、解决生产实际问题的能力，提高学生的职业技能和专业素质。

➢ 提高学生的学习能力，养成良好的思维和学习习惯。

➢ 激发学生的好奇心与求知欲，培养学生的团队合作精神。

活动1　三维建模

建模思路分析

观察如图2-119所示的螺栓和螺母的模型，发现基本框架由螺母和螺栓组成，根据先整体后细节的原则，确定建模思路如下：

● 创建螺母模型。

● 创建螺栓模型。

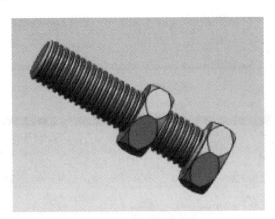

图2-119　螺栓和螺母

▶▶ 操作步骤

1）新建文件。双击软件图标，打开NX软件，执行"文件"→"新建"命令，打开"新建"对话框，如图2-120所示，输入新文件名并选择文件存放位置，单击"确定"按钮进入如图2-121所示的建模环境。

2）创建如图2-122所示的拉伸特征1。执行"插入（S）"→"设计特征（E）"→"拉伸（E）"命令，系统弹出"拉伸"对话框，单击"截面"区域的 █ 按钮，选择XY平面为"草图平面"，单击"确定"按钮进入绘制草图环境；绘制如图2-123所示的草图，单击"完成草图"退出草图环境；在"限制"区域选择对称值，输入值7.5/2，其他参数采用系统默认设置，单击"确定"按钮完成拉伸特征1的创建。

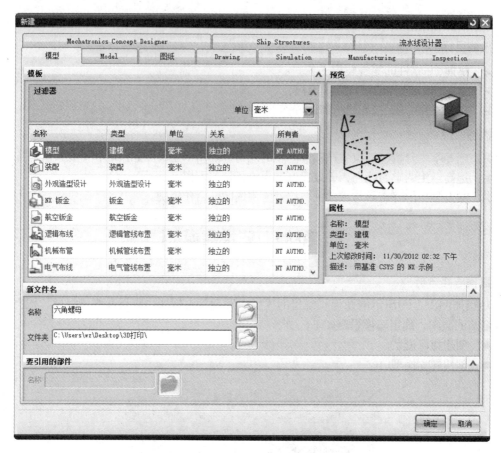

图2-120　创建模型

图2-121　建模环境

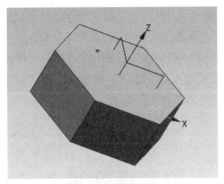

图2-122　螺母草图1

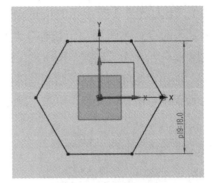

图2-123　螺母草图2

3）创建如图2-124所示的拉伸特征2。执行"插入（S）"→"设计特征（E）"→"拉伸（E）"命令，系统弹出"拉伸"对话框，单击"截面"区域的![图标]按钮，选择拉伸特征1的底面为"草图平面"，绘制如图2-125所示的草图，单击"完成草图"退出草图环境；在"拔模"区域选择从起始限制，角度-30，"布尔"为"求交"，其他参数采用系统默认设置，单击"确定"按钮完成拉伸特征2的创建。

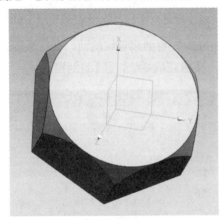

图2-124　螺母草图3

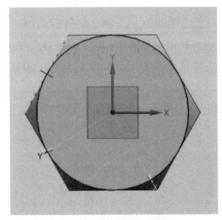

图2-125　螺母草图4

4）创建如图2-126所示的镜像特征1。执行"插入（S）"→"关联复制（A）"→"镜像特征（R）"命令，系统弹出"镜像特征"对话框，在"要镜像的特征"区域选择拉伸特征2，在"镜像平面"区域单击XY平面选择该平面为镜像平面；单击"确定"按钮完成镜像特征1的创建。

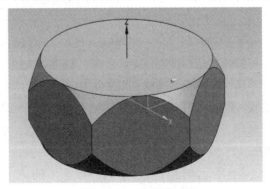

图2-126　螺母草图5

5）创建如图2-127所示的拉伸特征3。执行"插入（S）"→"设计特征（E）"→"拉伸（E）"命令，系统弹出"拉伸"对话框，单击"截面"区域的 █ 按钮，选择XY平面为"草图平面"，单击"确定"按钮进入绘制草图环境；绘制如图2-128所示的草图，单击"完成草图"退出草图环境；在"限制"区域选择对称值，输入值7.5/2，"布尔"为"求差"，其他参数采用系统默认设置，单击"确定"按钮完成拉伸特征3的创建。

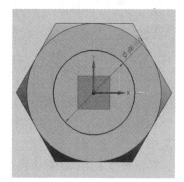

图2-127　螺母草图6

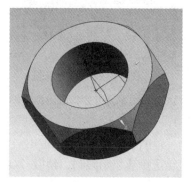

图2-128　螺母草图7

6）创建如图2-129所示的螺纹特征1。执行"插入（S）"→"设计特征（E）"→"螺纹（T）"命令，选择拉伸特征3创建出的螺母的内表面为要创建螺纹的面，在"编辑螺纹"对话框中输入如图2-130所示的参数，单击"确定"按钮完成螺纹特征1的创建。

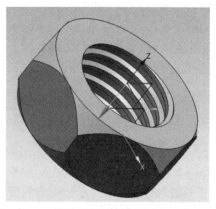

图2-129　螺母草图8

图2-130　螺母参数草图

7）保存文件。

8）导出STL文件，执行"文件（F）"→"导出（E）"→STL命令，系统弹出"快速成型"对话框，单击"确定"按钮，选择保存位置，单击"确定"按钮，系统弹出"类选择"对话框，框选整个产品单击"确定"按钮，完成STL文件的导出。

9）新建文件。双击软件图标，打开NX软件，执行"文件"→"新建"命令，打开"新建"对话框，如图2-131所示，输入新文件名并选择文件存放位置，单击"确定"按钮进入如图2-132所示的建模环境。

10）创建如图2-133所示的拉伸特征4。执行"插入（S）"→"设计特征（E）"→"拉伸（E）"命令，系统弹出"拉伸"对话框，单击"截面"区域的 █ 按钮，选择XY平面为"草图平面"，单击"确定"按钮进入绘制草图环境；绘制如图2-134所示的草图，单击"完成草图"按钮退出草图环境；在"限制"区域选择对称值，输入值7.5/2，其他参数采用系统默认设置，单击"确定"按钮完成拉伸特征4的创建。

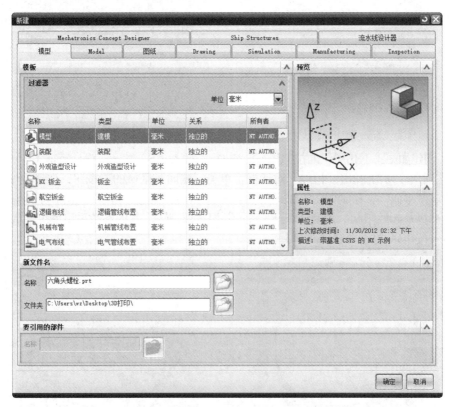

图2-131　创建模型

图2-132　建模环境

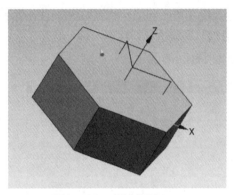

图2-133　螺栓草图1

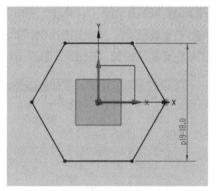

图2-134　螺栓草图2

11）创建如图2-135所示的拉伸特征5。执行"插入（S）"→"设计特征（E）"→"拉伸（E）"命令，系统弹出"拉伸"对话框，单击"截面"区域的 按钮，选择拉伸特征4的底面为"草图平面"，绘制如图2-136所示的草图，单击"完成草图"退出草图环境；在"拔模"区域选择从起始限制，角度-30，"布尔"为"求交"，其他参数采用系统默认设置，单击"确定"按钮完成拉伸特征5的创建。

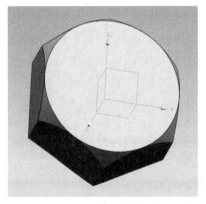

图2-135　螺栓草图3

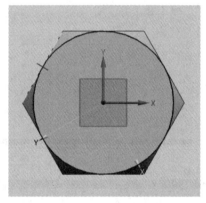

图2-136　螺栓草图4

12）创建如图2-137所示的镜像特征2。执行"插入（S）"→"关联复制（A）"→"镜像特征（R）"命令，系统弹出"镜像特征"对话框，在"要镜像的特征"区域选择拉伸特征5，在"镜像平面"区域单击XY平面选择该平面为镜像平面；单击"确定"按钮完成镜像特征2的创建。

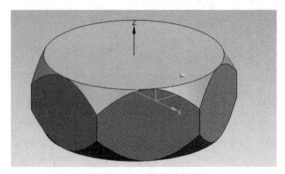

图2-137　螺栓草图5

13）创建如图2-138所示的旋转特征2。执行"插入（S）"→"设计特征（E）"→"旋转（R）"命令，系统弹出"旋转"对话框，单击"截面"区域的![按钮，选择YZ平面为"草图平面"，单击"确定"按钮进入绘制草图环境；绘制如图2-139所示的草图，单击"完成草图"退出草图环境；选择ZC轴为旋转轴，其他参数采用系统默认设置，单击"确定"按钮完成旋转特征1的创建。

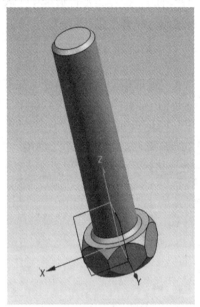

图2-138　螺栓草图6

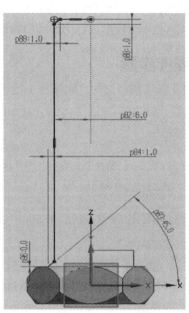

图2-139　螺栓草图7

14）创建如图2-140所示的螺纹特征1。执行"插入（S）"→"设计特征（E）"→"螺纹（T）"命令，系统弹出"螺纹"对话框；单击选择旋转特征2的圆柱表面为要创建螺纹的表面，单击选择拉伸特征5的上表面为螺纹起始截面，单击"确定"按钮，在"编辑螺纹"对话框中输入如图2-141所示的参数，单击"确定"按钮完成螺纹特征2的创建。

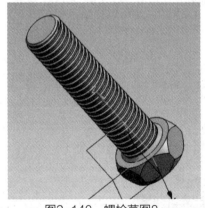

图2-140　螺栓草图8

图2-141　螺栓草图9

15）保存文件。

16）导出STL文件，执行"文件（F）"→"导出（E）"→STL命令，系统弹出"快速成型"对话框，单击"确定"按钮，选择保存位置，单击"确定"按钮，系统弹出"类选择"对话框，框选整个产品单击"确定"按钮，完成STL文件的导出。

| 活动2 切片处理 |

六角头螺栓和六角螺母的切片处理

螺栓和螺母模型设计完成之后，要将导出的STL模型导入切片软件进行切片处理，使得3D打印机能够识别文件，然后按照每一层的文件进行逐层打印。现在将设计好的STL六角头螺栓和六角螺母模型进行切片和参数设置，使打印机最终按照打印要求进行打印。

≫ 操作步骤

1）读取模型文件。如图2-142所示，执行"文件"→"读取模型文件"命令，在"打开3D模型"对话框中将"liujiaoluomu. stl""liujiaoluoshuan. stl"文件导入软件中，如图2-143所示。

图2-142 读取模型文件　　　　　图2-143 "打开3D模型"对话框

2）基本参数设置。在左侧"基本"栏中上设置如图2-144所示的参数。

3）打印数据生成。打印参数设置完成后，切片软件开始对模型进行切片处理，并估算打印时间和消耗的耗材长度，如图2-145和图2-146所示。这时，就可以开始正式打印了。

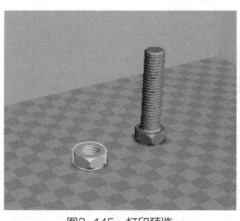

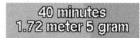

图2-144 基本参数设置　　　　图2-145 打印预览　　　　图2-146 打印时长和消耗

活动3 打印六角头螺栓和六角螺母

实训设备及配件

实训中会使用到的设备和配件包括3DDP-III打印机、PLA耗材、SD卡及铲子等后处理工具，具体如图2-147所示。

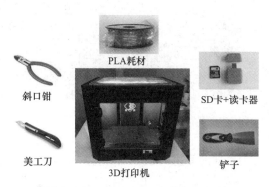

图2-147 3DDP-III 打印机及配件

▶▶ 操作步骤

（1）读取模型文件

开启3D打印机的电源，通过SD卡将切片文件拷贝导入设备中，如图2-148所示，通过控制旋钮选择"liujiaoluomu.gcode"后，喷头开始升温。

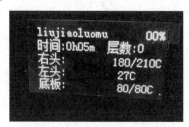

图2-148 读取模型文件

（2）模型打印

当喷头温度达到打印温度210℃时，打印机的喷嘴和平台自动归位，在层片模型的驱动下，将耗材逐层叠加成实体，打印过程，如图2-149～图2-151所示。

图2-149 打印完成度15%

图2-150 打印完成度65%

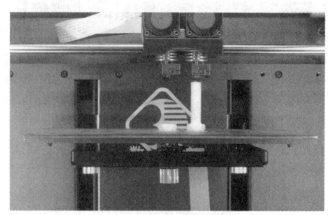

图2-151　打印完成度85%

（3）移除及支撑剥离

打印完成后，在模型完全冷却前使用铲子等工具将其从成型板上移出，模型底面粘在打印平台上，十分牢固。这时需要把模型从平台上安全地扯下来，还要防止被喷头烫伤。

（4）模型的修整

模型上面存在很多拉丝和毛边，需要用小刀和砂纸等工具对模型进行修整。这时，螺栓和螺母模型就打印完成了，如图2-152所示。

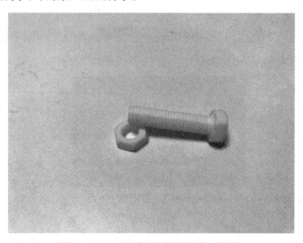

图2-152　打印完成的螺栓和螺母

拓展训练

一、戒指的3D打印

设计一款戒指，并将其打印出来，如图2-153所示。

二、滑轮的3D打印

设计一个滑轮，并将其打印出来，如图2-154所示。

图2-153　戒指

图2-154　滑轮

实训评价

评价模块	序　号	评价标准	配　分	评　分			得　分
				自评	小组	老师	
理论知识 30分	1	熟悉STL格式文件的基本知识	5				
	2	熟悉常见的3D打印材料	10				
	3	熟悉Cura切片软件的基本应用	10				
	4	熟悉3DDP-III打印机的工作原理与结构组成	5				
实操技能 50分	5	学会使用UG软件的图元工具创建三维模型	10				
	6	掌握UG软件的零件建模工具	10				
	7	掌握Cura的切片处理操作	15				
	8	熟练掌握3DDP-III打印机打印零件的方法	15				
职业素养 20分	9	遵守课堂纪律，服从指导老师和小组组长的安排	5				
	10	不迟到、不早退、不旷课	10				
	11	课堂讨论阶段主动积极，与同学相互配合	5				

实训6　打印支架

　　支架是起支撑作用的构架，承受较大的力，也具有定位作用，使零件之间保持正确的位置。本实训使用UG软件设计一款支架，并打印出来，如图2-155所示。

扫描二维码观看视频

图2-155　支架

≫ 学习目标

知识目标

➢ 熟悉STL格式文件的基本知识。

➢ 熟悉常见的3D打印材料。

➢ 熟悉3DDP-III打印机的工作原理与结构组成。

技能目标

➢ 掌握UG软件的零件建模工具。

➢ 掌握Cura软件的切片处理流程。

➢ 掌握3DDP-III打印机打印的操作。

情感目标

➢ 培养学生分析、解决生产实际问题的能力，提高学生的职业技能和专业素质。

➢ 提高学生的学习能力，养成良好的思维和学习习惯。

➢ 激发学生的好奇心与求知欲，培养学生的团队合作精神。

活动1　支架的三维建模

建模思路分析

观察如图2-156所示的支架模型，根据先整体后细节的原则，确定建模思路如下：

图2-156　支架

● 创建支架的底座模型。

● 创建支架中间径的部分。

● 创建顶部圆环部分。

● 对顶部圆环部分进行倒角。

≫ 操作步骤

1）新建文件。双击软件图标，打开NX软件，执行"文件"→"新建"命令，打开"新建"对话框，如图2-157所示，输入新文件名并选择文件存放位置，单击"确定"按钮进入如图2-158所示的建模环境。

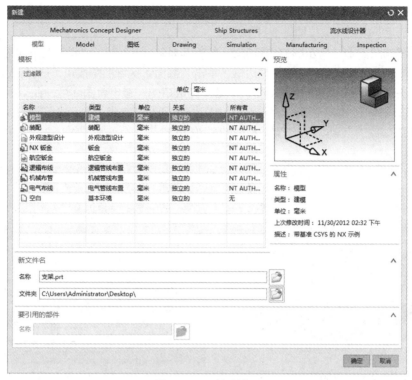

图2-157　创建模型

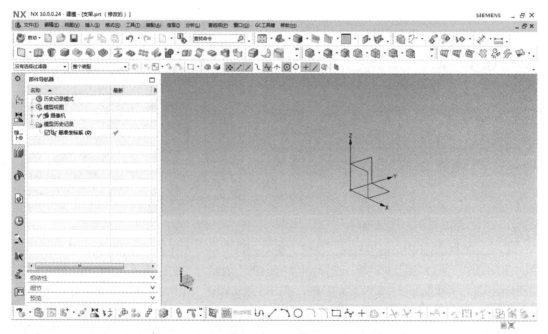

图2-158　建模环境

2）创建如图2-159所示的拉伸特征1。执行"插入（S）"→"设计特征（E）"→"拉伸（E）"命令，系统弹出"拉伸"对话框，单击"截面"区域的▦按钮，选择XY平面为"草图平面"，绘制如图2-160所示的草图，单击"完成草图"退出草图环境；在"限制"区域的

"开始"位置选择值，输入值0，在"结束"位置选择值，输入值8；其他参数采用系统默认设置，单击"确定"按钮完成拉伸特征1的创建。

3）创建如图2-161所示的拉伸特征2。执行"插入（S）"→"设计特征（E）"→"拉伸（E）"命令，系统弹出"拉伸"对话框，单击"截面"区域的▣按钮，选择XY平面为"草图平面"，绘制如图2-162所示的草图，单击"完成草图"退出草图环境；在"限制"区域的"开始"位置选择值，输入值5，"结束"位置选择贯通，"布尔"为"求差"，其他参数采用系统默认设置，单击"确定"按钮完成拉伸特征2的创建。

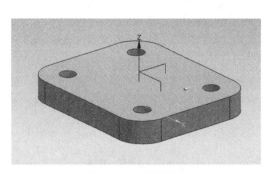

图2-159　支架草图1

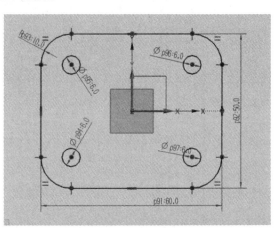

图2-160　支架草图2

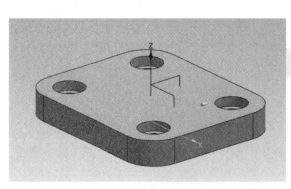

图2-161　支架草图3

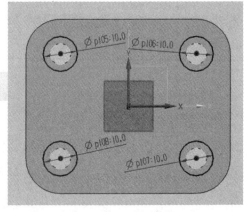

图2-162　支架草图4

4）绘制如图2-163所示的草图1。执行"插入（S）"→"在任务环境中绘制草图（V）"命令，系统弹出"创建草图"对话框，选择拉伸特征1的上表面为"草图平面"，单击"确定"进入绘制草图界面，绘制如图2-163所示的草图，单击"完成草图"退出草图环境完成草图1的绘制。

5）绘制如图2-164所示的草图2。执行"插入（S）"→"在任务环境中绘制草图（V）"命令，系统弹出"创建草图"对话框，在"草图平面"区域的"平面方法"下拉列表框中选择创建平面，指定平面选择XZ平面，输入距离-45，单击"确定"按钮进入绘制草图界面，绘制如图2-164所示的草图，单击"完成草图"退出草图环境完成草图2的绘制。

6）绘制如图2-165所示的草图3。执行"插入（S）"→"在任务环境中绘制草图（V）"命令，系统弹出"创建草图"对话框，选择YZ平面为"草图平面"，单击"确定"按钮进入绘制草图界面，绘制如图2-165所示的草图，单击"完成草图"按钮退出草图环境完成草图3的绘制。

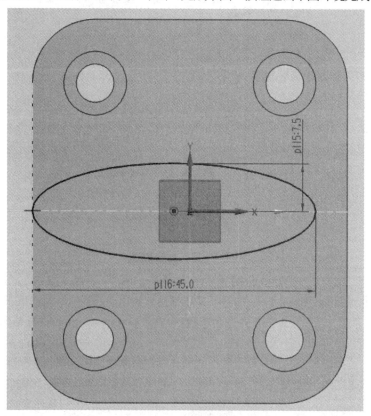

图2-163　支架草图1

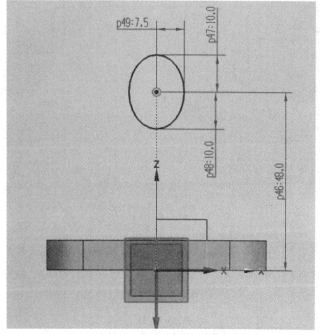

图2-164　支架草图2

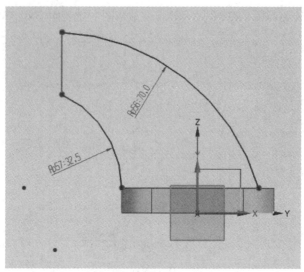

图2-165　支架草图3

7）创建如图2-166所示的网格曲面特征1。执行"插入（S）"→"网格曲面（M）"→"通过曲线网格（M）"命令，系统弹出"通过曲线网格"对话框，在"主曲线"位置选择草图1，单击 按钮添加新集并选中草图2；在"交叉曲线"位置选择草图3中的其中一条曲线，单击 按钮添加新集并选中草图3中的另外一条曲线，单击 按钮添加新集并选中选择交叉曲线时第一次选择的那条曲线；双击图上的箭头调整方向使图形的形状变成如图2-167所示的样子，其他参数采用系统默认设置，单击"确定"按钮完成网格曲面特征1的创建。

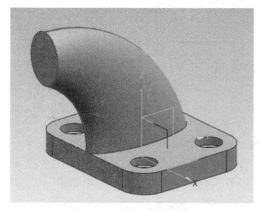

图2-166　支架草图4

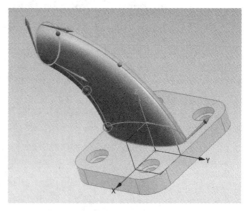

图2-167　支架草图5

8）求和。执行"插入（S）"→"组合（B）"→"合并（U）"命令，系统弹出"合并"对话框；选择拉伸特征1为"目标"体，网格曲面特征1为"共具"体，单击"确定"按钮完成求和命令。

9）创建如图2-168所示的拉伸特征3。执行"插入（S）"→"设计特征（E）"→"拉伸（E）"命令，系统弹出"拉伸"对话框，单击"截面"区域的 按钮，选择YZ平面为"草图平面"，绘制如图2-169所示的草图，单击"完成草图"退出草图环境；在"限制"区域的"结束"位置选择对称值，输入值17.5，"布尔"为"求和"，其他参数采用系统默认设置，单击"确定"按钮完成拉伸特征3的创建。

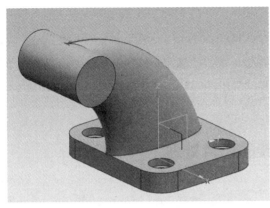

图2-168　支架草图6

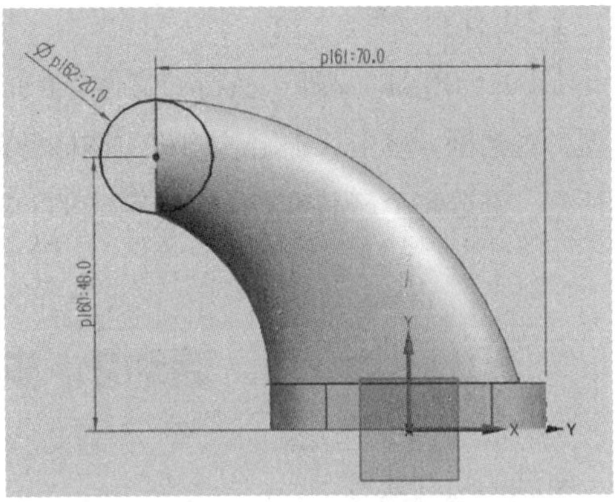

图2-169　支架草图7

10）创建如图2-170所示的拉伸特征4。执行"插入（S）"→"设计特征（E）"→"拉伸（E）"命令，系统弹出"拉伸"对话框，单击"截面"区域的 按钮，选择YZ平面为"草图平面"，绘制如图2-171所示的草图，单击"完成草图"退出草图环境；在"限制"区域的"结束"位置选择对称值，输入值17.5，"布尔"为"求差"，其他参数采用系统默认设置，单击"确定"按钮完成拉伸特征4的创建。

图2-170　支架草图8

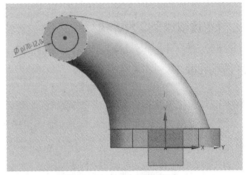

图2-171　支架草图9

11）创建如图2-172的倒斜角特征1。执行"插入（S）"→"细节特征（L）"→"倒斜角（M）"命令；系统弹出"倒斜角"对话框，在"边"区域选择如图2-173所示的边为要倒角的边，在"距离"文本框中输入值1，其他参数采用系统默认设置，单击"确定"按钮完成倒角特征1的创建。

图2-172　支架草图10

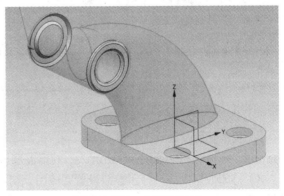

图2-173　支架草图11

12）保存文件。

13）导出STL文件，执行"文件（F）"→"导出（E）"→STL命令，系统弹出"快速成型"对话框，单击"确定"按钮，选择保存位置，单击"确定"按钮，系统弹出"类选择"对话框，框选整个产品单击确定，完成STL文件的导出。

活动2　支架的切片处理

支架的切片处理

支架模型设计完成之后，要将导出的STL模型导入切片软件进行切片处理，使得3D打印机能够识别文件，然后按照每一层的文件进行逐层打印。现在将设计好的STL玫瑰花模型进行切片和参数设置，使打印机最终按照打印要求进行打印。

≫ 操作步骤

1）读取模型文件。执行"文件"→"读取模型文件"命令，系统弹出"打开3D模型"对话框，在"打开3D模型"对话框中将"zhijia.stl"文件导入软件中，如图2-174和图2-175所示。

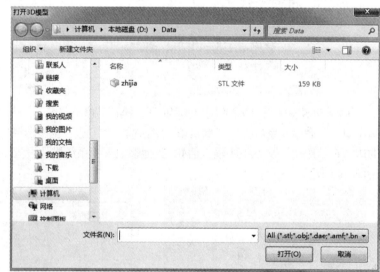

图2-174　读取模型文件　　　　　　　　图2-175　"打开3D模型"对话框

2）基本参数设置。在左侧"基本"栏中上设置如图2-176所示的参数：层厚：0.2mm；填充密度：20%；打印速度：60mm/s；打印温度：210℃，并添加支撑。

3）打印数据生成。打印参数设置完成后，切片软件开始对模型进行切片处理，并估算打印时间和消耗的耗材长度，如图2-177所示。这时，就可以开始正式打印了。

Cura - 15.04

文件　工具　机型　专业设置　帮助

基本 | 高级 | 插件 | Start/End-GCode

打印质量

层厚(mm)	0.2
壁厚(mm)	0.8
开启回退	☑

填充

底层/顶层厚度(mm)	0.8
填充密度(%)	20

速度和温度

打印速度(mm/s)	60
打印温度(C)	210
第二打印头温度 (C)	0
热床温度	90

支撑

支撑类型	Touching buildplate
粘附平台	Brim
双头打印中的支撑	First extruder

双喷头

残料擦除塔	☑
溢出保护	☑

打印材料

直径(mm)	1.75
线材直径2 (mm)	1.75
流量(%)	100.0

图2-176　基本参数设置

2 hours 41 minutes
11.79 meter 35 gram

图2-177　保存GCode文件

活动3　打印支架

实训设备及配件

实训中会使用到的设备和配件包括3DDP-III打印机、PLA耗材、SD卡及铲子等后处理工具，具体如图2-178所示。

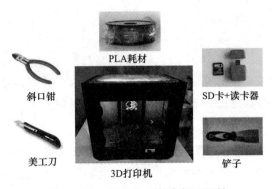

PLA耗材

斜口钳

SD卡+读卡器

美工刀

3D打印机

铲子

图2-178　3DDP-III打印机及配件

▶▶ 操作步骤

（1）读取模型文件

开启3D打印机的电源，通过SD卡将切片文件拷贝导入设备中，如图2-179所示，通过控制旋钮选择"zhijia.gcode"后，喷头开始升温。

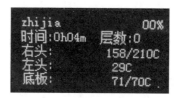

图2-179 读取模型文件

（2）模型打印

当喷头温度达到打印温度210℃时，打印机的喷头和平台自动归位，在层片模型的驱动下，将耗材逐层叠加成实体，打印过程如图2-180～图2-183所示。

图2-180 打印完成度1%

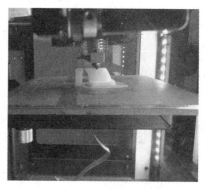

图2-181 打印完成度30%

图2-182 打印完成度85%

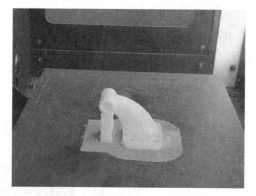

图2-183 打印完成100%

（3）移除及支撑剥离

打印完成后，在模型完全冷却前使用铲子等工具将其从成型板上移出，模型底面粘在打印平台上，十分牢固。这时需要把模型从平台上安全地扯下来，还要防止被喷头烫伤，如图2-184和图2-185所示。

图2-184　移除模型1

图2-185　移除模型2

（4）模型的修整

模型上面存在支撑、拉丝和毛边，需要用小刀和砂纸等工具对模型进行修整，如图2-186所示。

这时，支架模型就打印完成了，如图2-187所示。

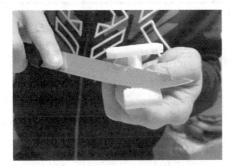

图2-186　修整打印好的模型

图2-187　修整完的支架模型

拓展训练

一、简单笔记本支架的3D打印

设计一款简单的笔记本支架，并将其打印出来，如图2-188所示。

二、小零件收集盒的3D打印

设计一款小零件收集盒，并将其打印出来，如图2-189所示。

图2-188　笔记本支架

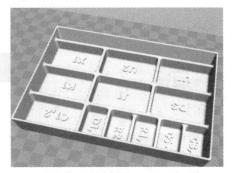

图2-189　小零件收集盒

实训评价

评价模块	序号	评价标准	配分	评分			得分
				自评	小组	老师	
理论知识 30分	1	熟悉STL格式文件的基本知识	5				
	2	熟悉常见的3D打印材料	10				
	3	熟悉Cura切片软件的基本应用方法	10				
	4	熟悉3DDP-III打印机的工作原理与结构组成	5				
实操技能 50分	5	学会使用UG软件的图元工具创建三维模型	10				
	6	掌握UG软件的零件建模工具	10				
	7	掌握Cura切片处理的操作	15				
	8	熟练掌握3DDP-III打印机打印零件的方法	15				
职业素养 20分	9	遵守课堂纪律，服从指导老师和小组组长的安排	5				
	10	不迟到、不早退、不旷课	10				
	11	课堂讨论阶段主动积极，与同学相互配合	5				

实训7 打印肥皂盒

肥皂盒是一种放置肥皂、香皂容器，一般置于卫生间等场所。随着现代社会的发展，肥皂盒的种类与样式也变得新颖多样，以尽可能满足各类消费者的需求。当人们洗完手的时候，肥皂盒非常方便放置肥皂，并且会防止它在空气中被腐蚀掉。所以，正常生活中每个家庭都会必备一个肥皂盒。如果你身边有一台3D打印机，就可以自己设计一个肥皂盒，并打印出来。本实训将使用3DDP-III打印机制作一个肥皂盒，如图2-190所示。

扫描二维码观看视频

图2-190 肥皂盒

≫ 学习目标

知识目标

➤ 熟悉STL格式文件的基本知识。

➤ 熟悉常见的3D打印材料。

➤ 熟悉3DDP-III打印机的工作原理与结构组成。

技能目标

➢ 掌握UG软件的建模工具。

➢ 掌握Cura软件的切片处理流程。

➢ 掌握3DDP-III打印机打印的操作。

情感目标

➢ 培养学生分析、解决生产实际问题的能力，提高学生的职业技能和专业素质。

➢ 提高学生的学习能力，养成良好的思维和学习习惯。

➢ 激发学生的好奇心与求知欲，培养学生的团队合作精神。

活动1　三维建模

建模思路分析

观察如图2-191所示的肥皂盒模型，根据先整体后细节的原则，确定建模思路如下：

● 创建肥皂盒主体。

● 对肥皂盒进行抽壳和倒角。

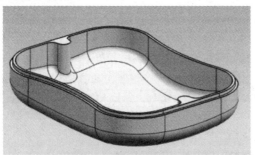

图2-191　肥皂盒

▶▶ 操作步骤

1）新建文件。双击软件图标，打开NX软件，执行"文件"→"新建"命令，打开"新建"对话框，如图2-192所示，输入新文件名并选择文件存放位置，单击"确定"按钮进入图2-193所示的建模环境。

2）绘制如图2-194所示的草图1。执行"插入（S）"→"在任务环境中绘制草图（V）"命令，系统弹出"创建草图"对话框；选择XZ基准平面为草绘平面，单击"确定"按钮进入绘制草图界面，绘制如图2-194所示的草图，单击"完成草图"退出草图环境完成草图1的绘制。

3）绘制如图2-195所示的草图2。执行"插入（S）"→"在任务环境中绘制草图（V）"命令，系统弹出"创建草图"对话框；"草图类型"选择基于路径，选择草图1为路径，如图2-196所示选择其他参数，单击"确定"按钮进入绘制草图界面，绘制如图2-195所示的草图，单击"完成草图"退出草图环境完成草图2的绘制。

4）创建如图2-197所示的沿引导线扫掠特征1。执行"插入（S）"→"扫掠（W）"→"沿引导线扫掠（G）"命令，系统弹出"沿引导线扫掠"对话框；在"截面"区

域选择草图2为截面曲线，在"引导线"区域选择草图1为引导线，其他参数采用系统默认设置，单击"确定"按钮完成沿引导线扫掠特征1的创建。

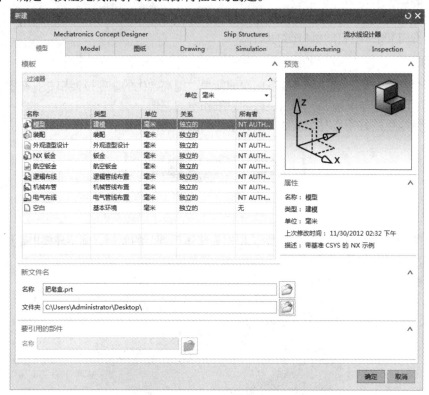

图2-192　创建模型

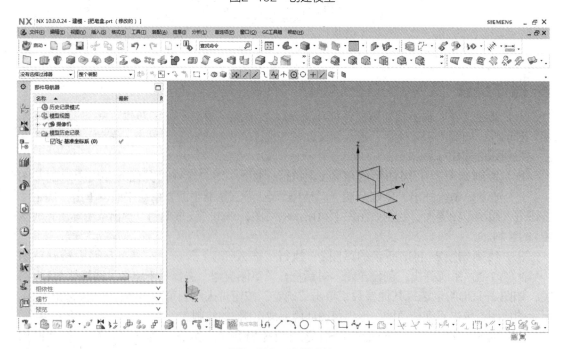

图2-193　建模环境

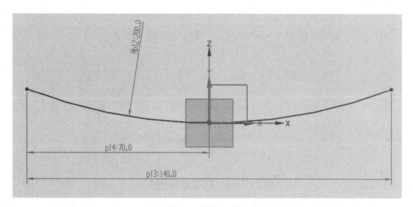

图2-194　肥皂盒草图1

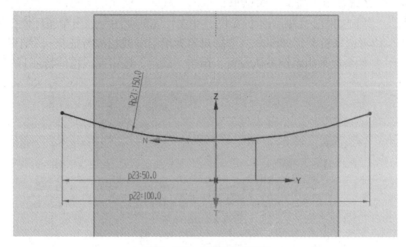

图2-195　肥皂盒草图2

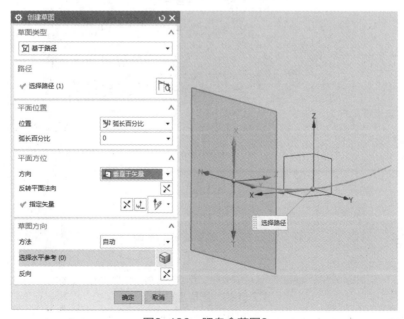

图2-196　肥皂盒草图3

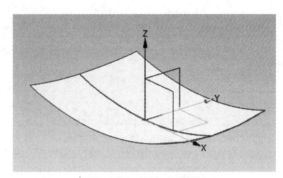

图2-197　肥皂盒草图4

5）创建如图2-198所示的拉伸特征1。执行"插入（S）"→"设计特征（E）"→"拉伸（E）"命令，系统弹出"拉伸"对话框；单击"截面"区域的 按钮，选择XY基准平面为"草图平面"，绘制如图2-199所示的草图，单击"完成草图"退出草图环境；在"限制"区域的"开始"位置选择直至延伸部分，选择对象为沿引导线扫掠特征1，"结束"区域选择值，输入值30；其他参数采用系统默认设置，单击"确定"按钮完成拉伸特征1的创建。

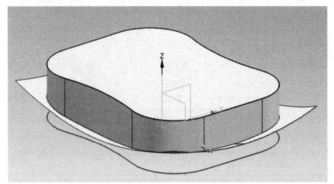

图2-198　肥皂盒草图5

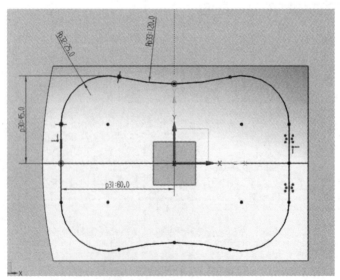

图2-199　肥皂盒草图6

6）创建如图2-200所示的边倒圆特征1。执行"插入（S）"→"细节特征（L）"→"边倒圆（E）"命令；系统弹出"边倒圆"对话框，在"要倒圆的边"区域选择如图2-201所示的边为要倒圆的边，在"距离"文本框中输入值10，其他参数采用系统默认设置，单击"确定"按钮完成边倒圆特征1的创建。

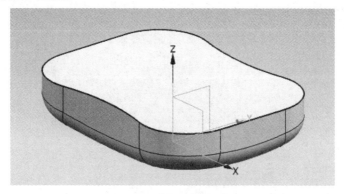

图2-200　肥皂盒草图7

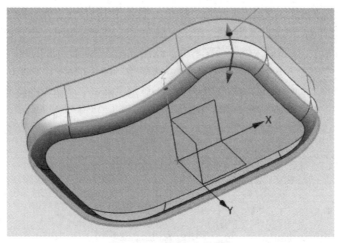

图2-201　肥皂盒草图8

7）创建如图2-202所示的抽壳特征1。执行"插入（S）"→"偏置/缩放（O）"→"抽壳（H）"命令，系统弹出"抽壳"对话框；如图2-203所示选择参数，单击"确定"按钮完成抽壳特征1的创建。

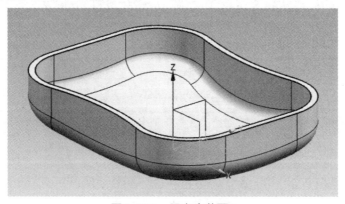

图2-202　肥皂盒草图9

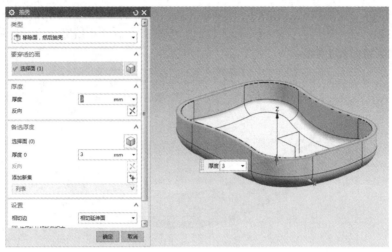

图2-203　肥皂盒草图10

8）创建如图2-204所示的拉伸特征2。执行"插入（S）"→"设计特征（E）"→"拉伸（E）"命令，系统弹出"拉伸"对话框；单击"截面"区域的 按钮，选择肥皂盒的顶面为"草图平面"，单击"确定"按钮进入绘制草图界面，绘制如图2-205所示的草图，单击"完成草图"退出草图环境；在"限制"区域的"开始"位置选择值，输入值-2，"结束"位置选择贯通；"布尔"为"求差"，其他参数采用系统默认设置，单击"确定"按钮完成拉伸特征2的创建。

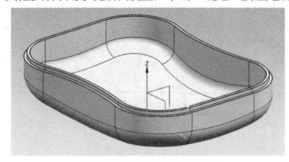

图2-204　肥皂盒草图11

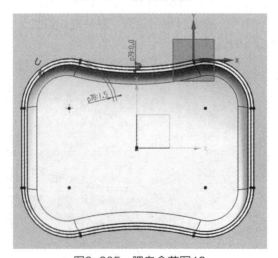

图2-205　肥皂盒草图12

9）创建如图2-206所示的拉伸特征3。执行"插入（S）"→"设计特征（E）"→"拉伸（E）"命令，系统弹出"拉伸"对话框；单击"截面"区域的 ![按钮] 按钮，选择肥皂盒的顶面为"草图平面"，单击"确定"按钮进入绘制草图界面，绘制如图2-207所示的草图，单击"完成草图"退出草图环境；在"限制"区域的"开始"位置选择"值"，输入值0，"结束"位置选择"直至下一个"；"布尔"为"求和"，其他参数采用系统默认设置，单击"确定"按钮完成拉伸特征3的创建。

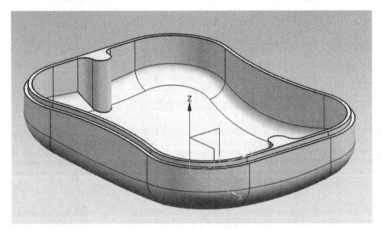

图2-206　肥皂盒草图13

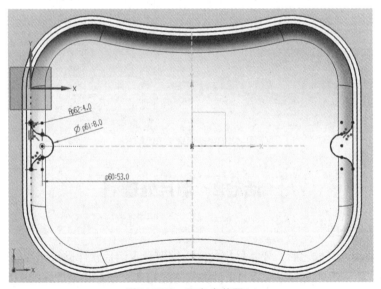

图2-207　肥皂盒草图14

10）创建如图2-208所示的边倒圆特征2。执行"插入（S）"→"细节特征（L）"→"边倒圆（E）"命令；系统弹出"边倒圆"对话框，在"要倒圆的边"区域选择如图2-209所示的边，在"距离"文本框中输入值4，其他参数采用系统默认设置，单击"确定"按钮完成边倒圆特征2的创建。

11）保存文件。

12）导出STL文件，执行"文件（F）"→"导出（E）"→STL命令，系统弹出"快速成型"对话框；单击"确定"按钮，选择保存位置，单击"确定"按钮，系统弹出"类选择"对话框，选择整个产品单击"确定"按钮，完成STL文件的导出。

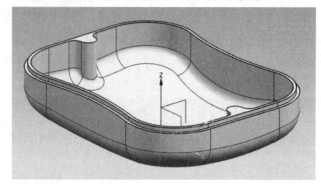

图2-208　肥皂盒草图15

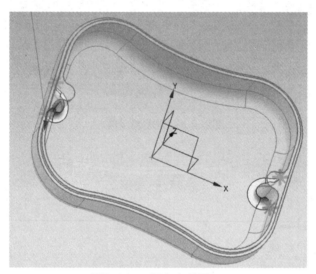

图2-209　肥皂盒草图16

活动2　切片处理

肥皂盒的切片处理

肥皂盒模型设计完成之后，要将导出的STL模型导入切片软件进行切片处理，使得3D打印机能够识别文件，然后按照每一层的文件进行逐层打印。现在将设计好的STL肥皂盒模型进行切片和参数设置，使打印机最终按照打印要求进行打印。

≫ 操作步骤

1）读取模型文件。执行"文件"→"读取模型文件"命令，系统弹出"打开3D模型"对话框，在"打开3D模型"对话框中将"feizaohe.stl"文件导入软件中，如图2-210和图2-211所示。

2）基本参数设置。在左侧"基本"栏中上设置如图2-212所示的参数：层厚：0.2mm；

填充密度：20%；打印速度：60mm/s；打印温度：210℃，并添加支撑。

3）打印数据生成。打印参数设置完成后，切片软件开始对模型进行切片处理，并估算打印时间和消耗的耗材长度，如图2-213和图2-214所示。这时，就可以开始正式打印了。

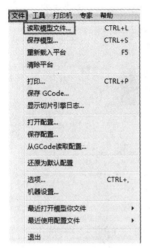

图2-210　读取模型文件

图2-211　"打开3D模型"对话框

图2-212　基本参数设置

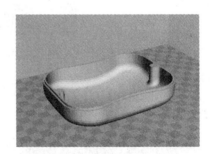

图2-213　保存GCode文件

图2-214　打印耗时和耗材

活动3　打印肥皂盒

实训设备及配件

实训中会使用到的设备和配件包括3DDP-III打印机、PLA耗材、SD卡及铲子等后处理工具，具体如图2-215所示。

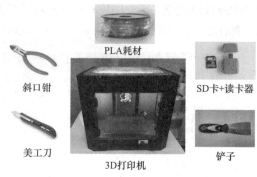

图2-215　3DDP-Ⅲ打印机及配件

▶ 操作步骤

（1）读取模型文件

开启3D打印机的电源，通过SD卡将切片文件拷贝导入设备中，如图2-216所示，通过控制旋钮选择"feizaohe.gcode"后，喷头开始升温。

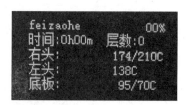

图2-216　读取模型文件

（2）模型打印

当喷头温度达到打印温度210℃时，打印机的喷头和平台自动归位，在层片模型的驱动下，将耗材逐层叠加成实体，打印过程如图2-217～图2-219所示。

图2-217　打印完成度1%

图2-218　打印完成度50%

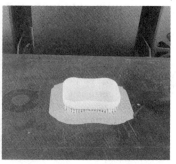

图2-219　打印完成度100%

（3）移除及支撑剥离

打印完成后，在模型完全冷却前使用铲子等工具将其从成型板上移出，模型底面粘在打印平台上，十分牢固。这时需要把模型从平台上安全地扯下来，还要防止被喷头烫伤，如图2-220和图2-221所示。

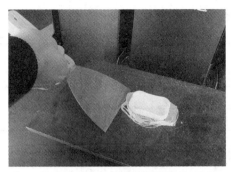
图2-220 移除模型1

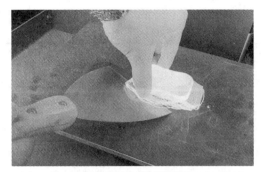
图2-221 移除模型2

（4）模型的修整

模型上面存在支撑、拉丝和毛边，需要用小刀和砂纸等工具对模型进行修整，如图2-222所示。

这时，肥皂盒模型就打印完成了，如图2-223所示。

图2-222 修整模型

图2-223 修整完成的肥皂盒模型

拓展训练

一、iPhone6手机外壳的3D打印

设计一款iPhone6手机外壳，并将其打印出来，如图2-224所示。

二、零钱托盘的3D打印

设计一个零钱托盘，并将其打印出来，如图2-225所示。

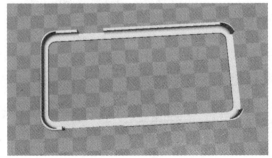
图2-224 手机外壳

图2-225 零钱托盘

实训评价

评价模块	序 号	评 价 标 准	配 分	评 分			得 分
				自评	小组	老师	
理论知识 30分	1	熟悉STL格式文件的基本知识	5				
	2	熟悉常见的3D打印材料	10				
	3	熟悉Cura切片软件的基本应用方法	10				
	4	熟悉3DDP-III打印机的工作原理与结构组成	5				
实操技能 50分	5	学会使用UG软件的图元工具创建三维模型	10				
	6	掌握UG软件的零件建模工具	10				
	7	掌握Cura切片处理的操作	15				
	8	熟练掌握3DDP-III打印机打印零件的方法	15				
职业素养 20分	9	遵守课堂纪律，服从指导老师和小组组长的安排	5				
	10	不迟到、不早退、不旷课	10				
	11	课堂讨论阶段主动积极，与同学相互配合	5				

实训8　打印玫瑰花

每逢节假日，人们喜欢用鲜花装扮家里，不论新买的鲜花还是收到的鲜花人们都希望能保持艳丽的花朵，但通常鲜花的保鲜期只有5～8天。有没有鲜花能一直保持美丽的花朵不凋谢呢？此时，通过3D打印的玫瑰花（如图2-226和图2-227所示）就派上用场了。如果你身边有一台3D打印机，就可以自己设计一朵玫瑰花，并打印出来。本实训将使用3DDP-III打印机制作一朵玫瑰花。

图2-226　玫瑰花1

图2-227　玫瑰花2

▶▶ 学习目标

知识目标

➢ 熟悉STL格式文件的基本知识。

➢ 熟悉常见的3D打印材料。

➢ 熟悉3DDP-III打印机的工作原理与结构组成。

扫描二维码观看视频

技能目标

➢ 掌握UG软件的建模工具。

➢ 掌握Cura软件的切片处理流程。

➢ 掌握3DDP-III打印机打印的操作。

情感目标

➢ 培养学生分析、解决生产实际问题的能力，提高学生的职业技能和专业素质。

➢ 提高学生的学习能力，养成良好的思维和学习习惯。

➢ 激发学生的好奇心与求知欲，培养学生的团队合作精神。

活动1　三维建模

建模思路分析

观察如图2-228所示的玫瑰花模型，发现基本框架由花苞、花茎和叶子组成，其中花苞又由多片花瓣组成，叶片共有4片。根据先整体后细节的原则，确定建模思路如下：

● 用旋转的方法画出花茎。

● 用旋转、拉伸的方法画出叶片。

● 用旋转、拉伸的方法画出花瓣。

图2-228　玫瑰花

▶▶ 操作步骤

1）新建文件。双击软件图标，打开NX软件，执行"文件"→"新建"命令，打开"新建"对话框如图2-229所示，输入新文件名并选择文件存放位置，单击"确定"按钮进入如图2-230所示的建模环境。

2）创建如图2-231所示的旋转特征1。执行"插入（S）"→"设计特征（E）"→"旋转（R）"命令，系统弹出"旋转"对话框；单击"旋转"对话框中的"绘制截面"按钮▣，系统弹出"创建草图"对话框，选取XZ基准平面为"草图平面"，单击"确定"按钮，绘制如图2-232所示的截面草图，然后单击"完成草图"退出草图环境；选择ZC基准轴为旋转轴；其他参数采用系统默认；单击"确定"按钮，完成旋转特征1的创建。

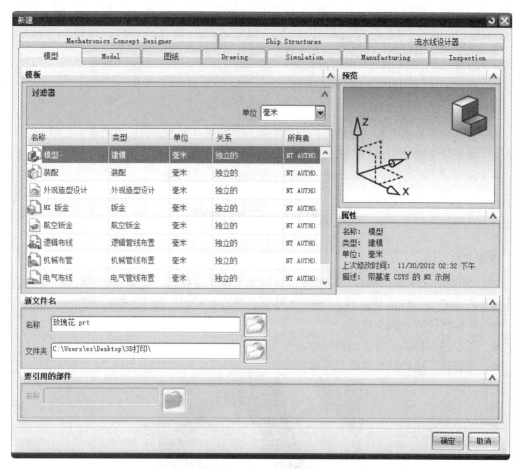

图2-229　创建模型

图2-230　建模环境

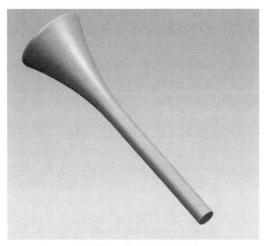

图2-231　玫瑰花草图1

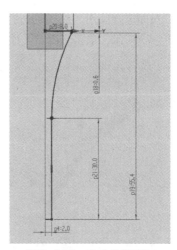

图2-232　玫瑰花草图2

3）创建如图2-233所示的旋转特征2。执行"插入（S）"→"设计特征（E）"→"旋转（R）"命令；单击"旋转"对话框中的"绘制截面"按钮 ，系统弹出"创建草图"对话框，选取YZ基准平面为"草图平面"，单击"确定"按钮。绘制如图2-234所示的截面草图，然后单击"完成草图"退出草图环境；选择ZC基准轴为旋转轴；在"旋转"对话框"限制"区域的"开始"下拉列表中选择 选项，并在其下的"角度"文本框中输入值-40，在"结束"下拉列表中选择 选项，并在其下"角度"的文本框中输入值40，"布尔"为"无"，其他参数采用系统默认设置，单击"确定"按钮完成旋转特征2的创建。

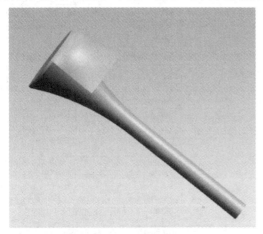

图2-233　玫瑰花草图3

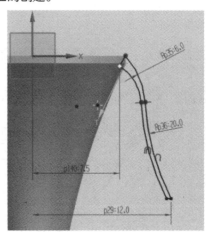

图2-234　玫瑰花草图4

4）创建如图2-235所示的拉伸特征1。执行"插入（S）"→"设计特征（E）"→"拉伸（E）"命令；单击"拉伸"对话框中的"绘制截面"按钮 ，系统弹出"创建草图"对话框，选取XZ基准平面为"草图平面"，单击"确定"按钮，绘制如图2-236所示的截面草图，然后单击"完成草图"退出草图环境；拉伸距离设定成能完全贯穿旋转特征，"布尔"为"求交"，单击"确定"按钮完成拉伸特征1的创建。

5）创建如图2-237所示的阵列特征1。执行"插入（S）"→"关联复制（A）阵列特征（A）"命令，选择图2-233所示的旋转特征2和图2-235所示的拉伸特征1为要阵列的特征，布局选择圆形，旋转轴选择ZC轴，数量4，截距角90，其他参数采用系统默认设置，如图2-238所示，单击"确定"按钮创建出阵列特征1。

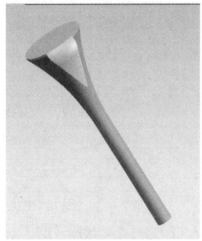

图2-235　玫瑰花草图5

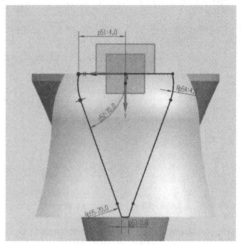

图2-236　玫瑰花草图6

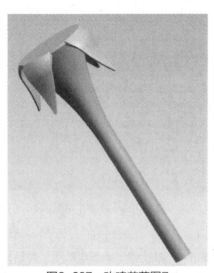

图2-237　玫瑰花草图7

图2-238　"阵列特征"对话框

6）求和。执行"插入（S）"→"组合（B）"→"合并（U）"命令，系统弹出"合并"对话框，选择旋转特征1为"目标"体，其他的为"工具"体，单击"确定"按钮完成如图2-239所示求和命令的创建。

7）保存文件。

8）新建文件2。执行"文件"→"新建"命令，将文件"名称"命名为"花瓣"，保存位置与文件1一样，单击"确定"按钮进去建模环境。

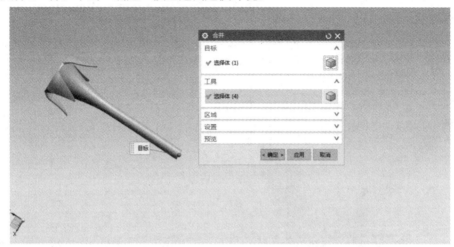

图2-239　玫瑰花草图8

9）创建如图2-240所示的拉伸特征1。执行"插入（S）"→"设计特征（E）"→"拉伸（E）"命令，系统弹出"拉伸"对话框；单击"拉伸"对话框中的"绘制截面"按钮，系统弹出"创建草图"对话框，选取XY基准平面为"草图平面"，单击"确定"按钮，绘制如图2-241所示的截面草图，然后单击"完成草图"退出草图环境；矢量方向单击⊠，在"限制"区域选择值，"开始"输入0，"结束"输入0.6，单击"确定"按钮完成拉伸特征1的创建。

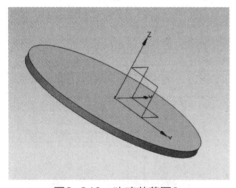

图2-240　玫瑰花草图9

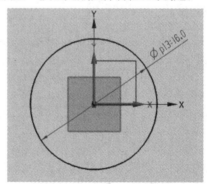

图2-241　玫瑰花草图10

10）创建如图2-242所示的旋转特征1。执行"插入（S）"→"设计特征（E）"→"旋转（R）"命令，系统弹出"旋转"对话框；单击"旋转"对话框中的"绘制截面"按钮，系统弹出"创建草图"对话框，选取YZ基准平面为"草图平面"，单击"确定"按钮，绘制如图2-243所示的截面草图，然后单击"完成草图"退出草图环境；选择ZC基准轴为旋转轴；在"旋转"对话框"限制"区域的"开始"下拉列表中选择值选项，并在其下的"角度"文本框中输入值0，在"结束"下拉列表中选择值选项，并在其下的文本框中输入值360，"布尔"为"无"，设置文本框选择片体，其他参数采用系统默认设置；单击"确定"按钮完成旋转特征1的创建。

11）创建如图2-244所示的拉伸特征2。执行"插入（S）"→"设计特征（E）"→"拉伸（E）"命令，系统弹出"拉伸"对话框；单击"拉伸"对话框中的"绘制截面"按钮，系统弹出"创建草图"对话框，选取YZ基准平面为"草图平面"，单击"确定"按钮，绘制如图

2-245所示的截面草图，然后单击"完成草图"退出草图环境；在"限制"区域的"结束"下拉列表中选择对称值选项，并在其下的"距离"文本框中输入值20，"布尔"为"求差"，体选择旋转特征1，其他参数采用系统默认设置，单击"确定"按钮完成拉伸特征2的创建。

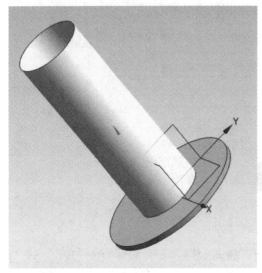

图2-242 玫瑰花草图11

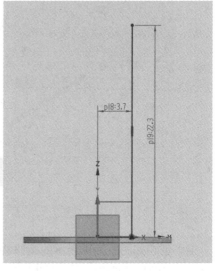

图2-243 玫瑰花草图12

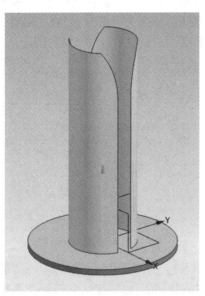

图2-244 玫瑰花草图13

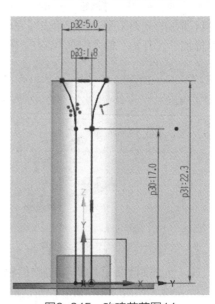

图2-245 玫瑰花草图14

12）创建如图2-246所示的旋转特征2。执行"插入（S）"→"设计特征（E）"→"旋转（R）"命令，系统弹出"旋转"对话框；单击"旋转"对话框中的"绘制截面"按钮，系统弹出"创建草图"对话框，选取XZ基准平面为"草图平面"，单击"确定"按钮，绘制如图2-247所示的截面草图，然后单击"完成草图"退出草图环境；选择ZC基准轴为旋转轴；在"旋转"对话框"限制"区域的"开始"下拉列表中选择选项，并在其下的"角度"文本框中输入值-75，在"结束"下拉列表中选择选项，并在其下的"角度"文本框中输入值75，"布尔"为"无"，"设置"文本框选择片体，其他参数采用系统默认设置；单击"确定"按钮完成旋转特征2的创建。

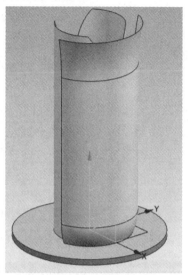

图2-246 玫瑰花草图15

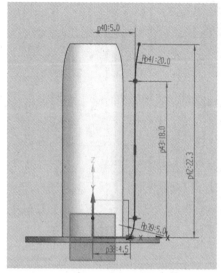

图2-247 玫瑰花草图16

13）创建如图2-248所示的旋转特征3。执行"插入（S）"→"设计特征（E）"→"旋转（R）"命令，系统弹出"旋转"对话框；单击"旋转"对话框中的"绘制截面"按钮 ，系统弹出"创建草图"对话框，选取YZ基准平面为"草图平面"，单击"确定"按钮，绘制如图2-249所示的截面草图，然后单击"完成草图"退出草图环境；选择ZC基准轴为旋转轴；在"旋转"对话框"限制"区域的"开始"下拉列表中选择 选项，并在其下的"角度"文本框中输入值-75，在"结束"下拉列表中选择 选项，并在其下的"角度"文本框中输入值75，"布尔"为"无"，"设置"文本框选择片体，其他参数采用系统默认设置；单击"确定"按钮完成旋转特征3的创建。

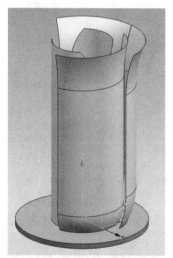

图2-248 玫瑰花草图17

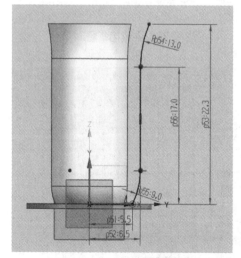

图2-249 玫瑰花草图18

14）根据草图2-250以及步骤13）中的方法创建如图2-251所示的旋转特征4。

15）根据草图2-252以及步骤13）中的方法创建如图2-253所示的旋转特征5。

16）根据草图2-254以及步骤13）中的方法创建如图2-255所示的旋转特征6。

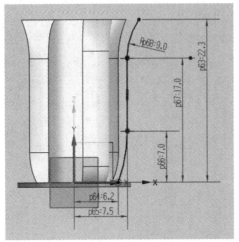

图2-250　玫瑰花草图19

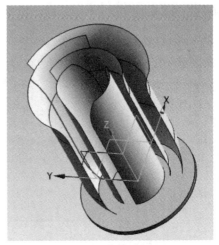

图2-251　玫瑰花草图20

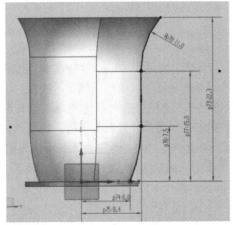

图2-252　玫瑰花草图21

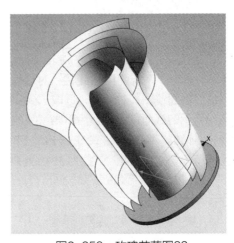

图2-253　玫瑰花草图22

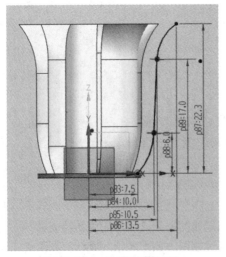

图 2-254　玫瑰花草图23

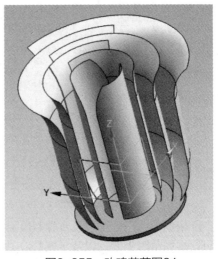

图2-255　玫瑰花草图24

17）根据草图2-256以及步骤13）中的方法创建如图2-257所示的旋转特征7。

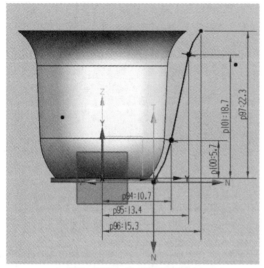

图2-256　玫瑰花草图25

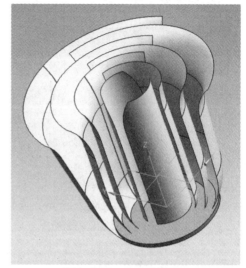

图2-257　玫瑰花草图26

18）根据草图2-258～图2-263进行拉伸，完成与旋转特征2、3、4、5、6、7的求交，创建出如图2-264所示的特征。

19）创建如图2-265所示的加厚特征1；执行"插入（S）"→"偏置/缩放（O）"→"加厚（T）"命令，选择其中一个片体进行加厚，厚度"偏置1"文本框中输入0，"偏置2"文本框中输入0.6，单击"确定"按钮完成加厚特征1的创建；用此方法把剩余的片体进行加厚，全部片体完成加厚以后如图2-266所示。

20）创建如图2-267所示的替换面特征；执行"同步建模"→"替换面"命令，选择加厚特征1加厚出来的实体的其中一个与拉伸特征1接触的面为"要替换的面"，选择拉伸特征1的上表面为"替换面"，单击"确定"按钮完成替换面1的创建；用同样的方法替换除了旋转特征1之外的所有加厚特征创建出来的面，如图2-268所示。

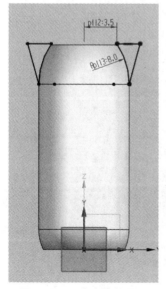

图2-258　玫瑰花草图27

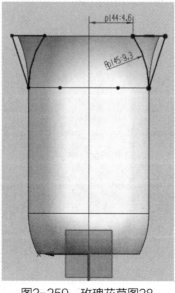

图2-259　玫瑰花草图28

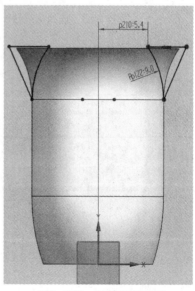

图2-260　玫瑰花草图29

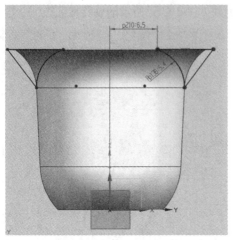

图2-261　玫瑰花草图30

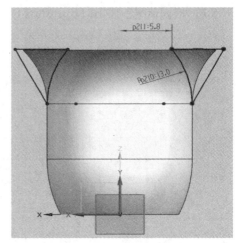

图2-262　玫瑰花草图31

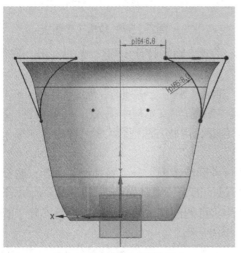

图2-263　玫瑰花草图32

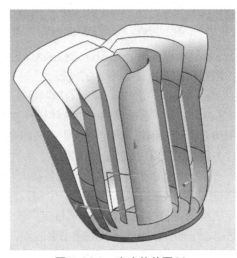

图2-264　玫瑰花草图33

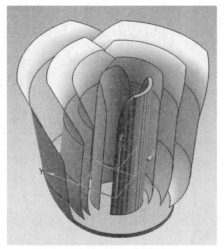

图2-265　玫瑰花草图34

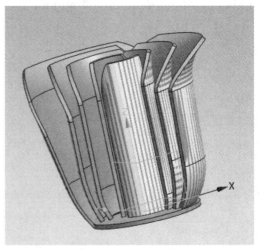

图2-266　玫瑰花草图35

图2-267 玫瑰花草图36

图2-268 玫瑰花草图37

21）创建如图2-269和图2-270所示的镜像几何体1，2。执行"插入（S）"→"关联复制（A）"→"镜像几何体（G）"命令，选择旋转特征2，4，6为"要镜像的几何体"，YZ基准平面为"镜像平面"，单击"应用"按钮完成镜像几何体1的创建；选择3，5，7为"要镜像的几何体"，XZ基准平面为"镜像平面"，单击"确定"按钮完成镜像几何体2的创建。

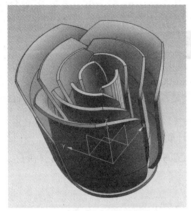

图2-269 玫瑰花草图38

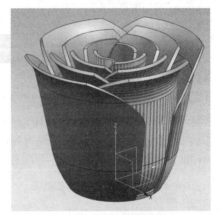

图2-270 玫瑰花草图39

22）求和。执行"插入（S）"→"组合（B）"→"合并（U）"命令，系统弹出"合并"对话框，选择拉伸特征1为"目标"体，其他的为"工具"体，单击"确定"按钮完成求和命令的创建。

23）保存文件。

24）导出STL文件，执行"文件（F）"→"导出（E）"→STL命令，系统弹出"快速成型"对话框，单击"确定"按钮，选择保存位置，单击"确定"按钮，系统弹出"类选择"对话框，框选整个产品单击"确定"按钮，完成STL文件的导出。

25）导出花茎和叶片部分的STL文件。

活动2 切片处理

切片处理

玫瑰花模型设计完成之后，要将导出的STL模型导入切片软件进行切片处理，使得3D打印机能够识别文件，然后按照每一层的文件进行逐层打印。现在将设计好的STL玫瑰花模型进行切片和参数设置，使打印机最终按照打印要求进行打印。

▶ 操作步骤

1）读取模型文件。执行"文件"→"读取模型文件"命令，系统弹出"打开3D模型"对话框，在"打开3D模型"对话框中将"Rose.stl"文件导入软件中，如图2-271和图2-272所示。

图2-271　读取模型文件　　　　　　　　图2-272　"打开3D模型"对话框

2）基本参数设置。在左侧"基本"栏中上设置如图2-273所示的参数：层厚：0.1mm；填充密度：20%；打印速度：60mm/s；打印温度：210℃。

3）打印数据生成。打印参数设置完成后，切片软件开始对模型进行切片处理，并估算打印时间和消耗的耗材长度，如图2-274和图2-275所示。这时，就可以开始正式打印了。

图2-273　基本参数设置

图2-274　保存GCode文件

图2-275　打印耗时和耗材

活动3　打印玫瑰花

实训设备及配件

实训中会使用到的设备和配件包括3DDP-III打印机、PLA耗材、SD卡及铲子等后处理工具，具体如图2-276所示。

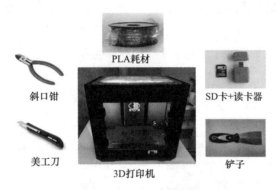

图2-276　3DDP-III打印机及配件

≫ 操作步骤

（1）读取模型文件

开启3D打印机的电源，通过SD卡将切片文件拷贝导入设备中。通过控制旋钮选择"Rose.gcode"后，喷头开始升温。

（2）模型打印

当喷头温度达到打印温度210℃时，打印机的喷头和平台自动归位，在层片模型的驱动下，将耗材逐层叠加成实体，打印过程如图2-277～图2-279所示。

图2-277　打印完成度1%

图2-278　打印完成度10%

图2-279　打印完成度85%

（3）移除及支撑剥离

如图2-280和图2-281所示，打印完成后，在模型完全冷却前使用铲子等工具将其从成型板上移出，并通过手动剥离或美工刀等工具剥离的方式剥离玫瑰花底部。

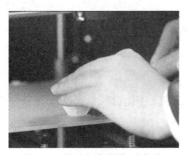

图2-280　玫瑰花模型移除1

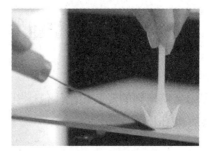

图2-281　玫瑰花模型移除2

此时，玫瑰花的制作就完成了。接下来，以同样的方式打印花梗。

（4）粘贴花朵和花梗

如图2-282和图2-283所示，打印完成后，使用万能胶将花朵和花梗粘好，一朵完整的玫瑰花就制作完成了。

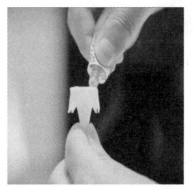

图2-282　玫瑰花粘贴

图2-283　完整的玫瑰花

拓展训练

一、购物袋把手的3D打印

设计一款购物袋把手，并将其打印出来，如图2-284所示。

二、手机支架的3D打印

给自己设计一个手机支架，并将其打印出来，如图2-285所示。

图2-284　购物袋把手

图2-285　手机支架

实训评价

评价模块	序 号	评 价 标 准	配 分	评 分			得 分
				自评	小组	老师	
理论知识 30分	1	了解3D打印的概念、分类、应用领域及工作流程	5				
	2	熟悉UG建模软件的基本知识	10				
	3	熟悉Cura切片软件的基本应用方法	10				
	4	初步认识3DDP-Ⅲ打印机的工作原理与结构组成	5				
实操技能 50分	5	学会使用UG软件的图元工具创建三维模型	10				
	6	能够使用文字工具创建标签	10				
	7	掌握Cura切片处理中基本参数的设置方法	15				
	8	初步学会使用3DDP-Ⅲ打印机打印规则简单物品的方法	15				
职业素养 20分	9	遵守课堂纪律，服从指导老师和小组组长的安排	5				
	10	不迟到、不早退、不旷课	10				
	11	课堂讨论阶段主动积极，与同学相互配合	5				

第3篇　综合篇

（3D打印机的安装与维护）

一、快速了解3DDP-Ⅲ打印机

3DDP系列桌面级3D打印机采用FDM熔融沉积成型技术，它将丝状的热熔性材料进行加热融化，通过带有微细喷嘴的挤出机把材料挤出来。喷头可以沿X轴和Y轴方向进行移动，工作台则沿Z轴方向移动，熔融的丝材被挤出后随即会和前一层材料粘合在一起。一层材料沉积后工作台将按预定的增量下降一个厚度，然后重复以上步骤直到工件完全成型。3DDP-Ⅲ打印机的结构简图如图3-1所示。

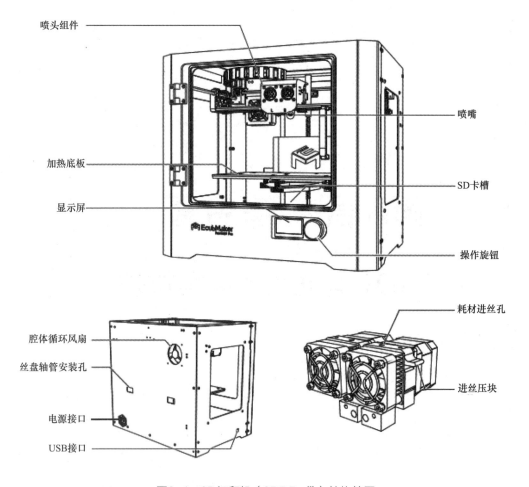

图3-1　3D打印机（3DDP-Ⅲ）结构简图

二、3D打印机的组装与调试

1. 安装耗材丝盘

如图3-2所示，将"丝盘轴管"安装至设备上，将耗材丝盘中心孔套入"丝盘轴管"并推至合适位置。然后按照如图3-3所示的箭头方向，将耗材丝盘的丝料线头通过导丝管牵引至机箱进丝口。

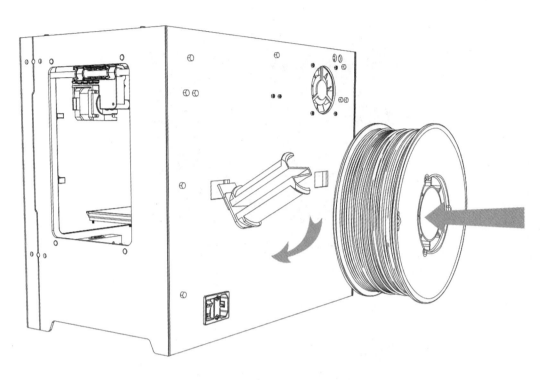

图3-2 安装耗材丝盘示意图1

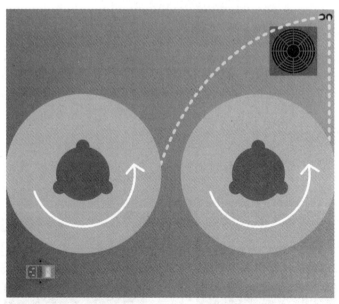

图3-3 安装耗材丝盘示意图2

2. 引导耗材进入喷头

如图3-4所示，将耗材末端牵出，从机身背面的进丝口穿入，牵引至打印喷头处。将耗材末端引至打印喷头处。然后按照如图3-5所示的操作按下进丝挤压块，将耗材丝料完全插入喷头进丝孔。

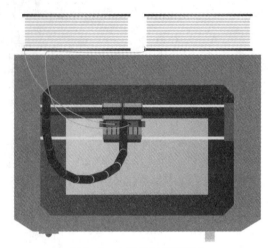

图3-4　安装丝材示意图1

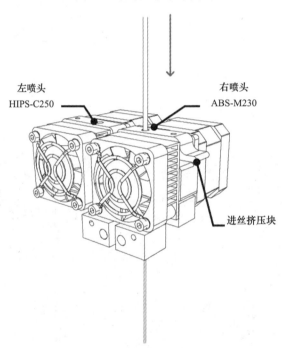

图3-5　安装丝材示意图2

3．进丝操作

按照打印机显示屏的提示进入"工具"→"更换丝料"，如图3-6所示。

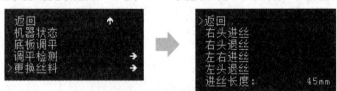

图3-6　更换丝料设置

选择需进丝的喷头选项，等待加热后自动完成进丝操作，如图3-7所示。

图3-7　加热丝料

注意

1）如果出丝开始时有其他颜色丝料挤出，则是出厂测试喷嘴腔内有剩余丝料，为正常现象。

2）换丝请进入退丝功能彻底退丝（勿剪断丝料令其进完，会增加堵头风险）！

3）喷头无法完全避免堵头的发生，耗材堵头是由于多种因素交叉影响而引起的。一旦发生堵头问题，并且耗材折断在喷头组件内无法通过退丝取出时请参照《喷头拆装视频》进行拆解，取出折断在内部的耗材，并安装恢复（如果正确操作机器，则发生此种情况的几率非常小）。

4. 打印底板调平

如图3-8所示，进入"工具"→"底板调平"，等待各组件就位。

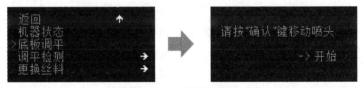

图3-8　底板调平设置

当喷头进入第一个调平点时，将标配的调平专业塞卡摆放至喷嘴与底板间，如图3-9所示。

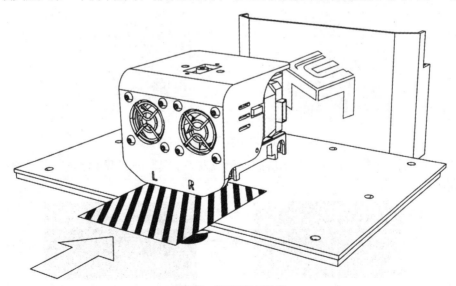

图3-9　调平塞卡位置

喷头依次经过6个调平点，当喷嘴移到调平点时，移动调平塞卡，当喷嘴与调平塞卡拥有轻微摩擦时为最佳间距，进入下一调平点，如图3-10所示。

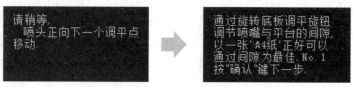

图3-10　喷嘴调平完成

喷嘴调平完成测试点示意图，如图3-11所示。

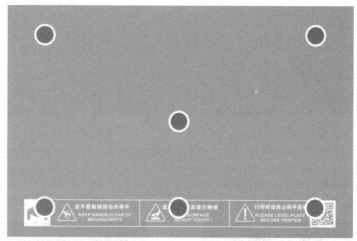

图3-11　喷嘴调平后位置示意图

通过底板下的3颗调平螺钉对底板高度进行调节，从下往上视角旋转旋钮将底板调整至合适位置，如图3-12所示。

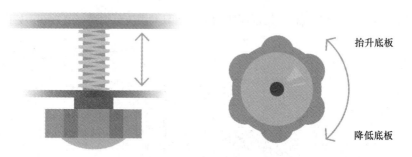

抬升底板

降低底板

图3-12　底板调整示意图

调平结束后，请按照打印机显示屏的提示进入"工具"→"调平测试"开始测试，如图3-13所示。

图3-13　调平测试

加热完成后设备将会沿着底板边缘打印两个方框，请根据板最合适示意图确定底板是否已经调平，如图3-14所示。

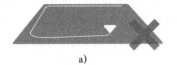 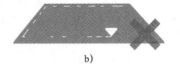 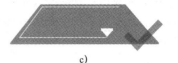

a)   b)   c)

图3-14　底板最合适示意图

a）底板太低　b）底板太高　c）底板合适

注意

如果在打印矩形框过程中出现以下两种情况，则代表底板没有调平成功，需要调整。

1. 耗材没有粘在底板上则说明底板过低，需要适当升高。

2. 耗材出丝不畅甚至出现堵头的情况，则代表底板过高，需要相应降低。

5. 模型打印

请根据图3-15所示的位置将随机标配的SD卡从卡槽插入。

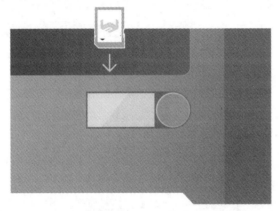

图3-15　插入SD卡

请按照打印机显示屏的提示从主页面进入"打印"选择需要打印的模型，如图3-16所示。

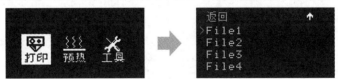

图3-16　选择打印文件

进入打印界面后，屏幕上会显示各项信息。按下旋钮后调出后台设置菜单，如图3-17所示。

图3-17　后台调整设置

6. 支撑去除

模型打印完毕后，请使用配件包中的模型铲刀仔细地将模型铲下，如图3-18所示。如果模型带有支撑，则需浸入专用柠檬烯溶剂中进行溶解，溶解时长为15～60min，如图3-19所示。溶解时长依据模型结构估算，有内部腔体支撑的模型时间较长。待支撑材质变软后使用工具除去。

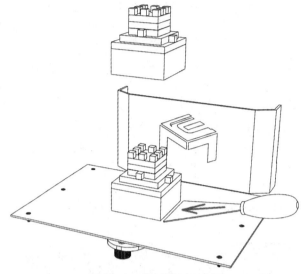

图3-18　铲下模型示意图

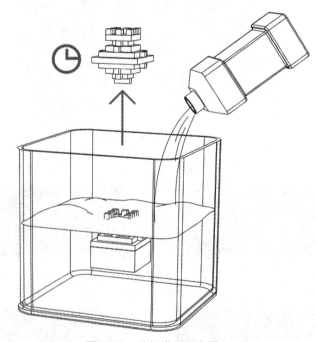

图3-19　溶解模型示意图

溶剂注意事项：柠檬烯溶剂属于易燃品，请放置在儿童无法触及的位置；请勿食用，请勿倒置，防止溶剂渗漏。储存方式：避光、干燥、密封。

三、3D打印机的维护与保养

目前，3D打印机的价格还比较昂贵，只有掌握了良好的维护保养3D打印机的方法，才能最大限度地延长3D打印机的寿命。同时，良好的操作习惯，以及精心的保养工作也能够让打印机更好地发挥功能，打印出高精度的物体。

1. 提高打印精度

3D打印机的说明书上都有很多参数，用户最关心的也就是打印精度，不过说明书上并不是直接标注打印精度，而是在各项参数上标明指标。虽然决定打印精度的因素有很多，但基本上通过X、Y、Z三个轴的最小位置精度和喷头直径就可以确定3D打印机的最大打印精度了。

如果从喷头喷出的材料直径比较细，就可以把模型细微的结构体现出来，再通过位置的移动，控制打印出高品质的模型。如果位置精度不够，则会出现喷丝之间的间隔过大从而导致打印出参差不齐的次品。一般来说，位置精度是根据喷头来调整的，把喷丝紧密地结合在一起就是最佳的位置精度，打印出来的模型品质也是最高的。

在使用3D打印机的过程中也可以调整位置精度来控制打印速度，如果一个模型对精度方面的要求不高，则可以把位置移动参数调大，降低打印精度。通过这个小技巧就能节省很多打印时间。

影响打印物体最终精度的因素不仅有3D打印机本身的精度，还有一些其他因素。其中比较重要的是3D模型前期处理造成的误差。对于绝大多数3D打印设备而言，开始打印前必须对3D模型进行STL格式化前期除开，以便得到一系列的截面轮廓。事实上，STL格式已成为3D打印行业的通用标准。在计算机数据处理能力足够的前提下，进行STL格式化时，应选择更小、更多的三角面片，使之更接近原始三维模型的表面，这样可以降低由STL格式化带来的误差影响。

延伸阅读

3D打印速度与精度的关系

熔丝沉积型的3D打印机，制造模型是用像笔头那样的挤出头将熔化的塑料细条挤出，慢慢一层一层堆积成需要的模型。过程很慢，但是如果把速度提高，不仅会对机器的精度和电动机、电源提出更高的要求，由于机件高速移动造成的振动也会极大影响打印件的精度。

这两个打印件都是用PLA塑料，以0.2mm层高、无支撑结构的设定打印出来的，区别在于左边的蜥蜴（见图3-20）打印速度是30mm/s，而右边的蜥蜴（见图3-21）打印速度是100mm/s。

 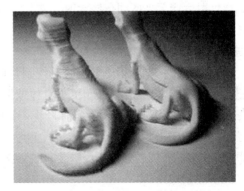

图3-20　速度为30mm/s打印的蜥蜴1　　　图3-21　速度为100mm/s打印的蜥蜴1

慢速打印的蜥蜴（见图3-22）可以看出纵向层层堆积造成的环状纹理，但大体上还是比较光滑的，而高速打印的蜥蜴（见图3-23）很明显就粗糙多了，表面肉眼可见一圈圈的各种凹凸，这是由于打印头高速移动时由于惯性和振动造成的微小偏移造成的。

图3-22　速度为30mm/s打印的蜥蜴2　　　　图3-23　速度为100mm/s打印的蜥蜴2

2. 日常维护保养

为了保证机器能长期稳定运行，提高工作效率，延长机器的使用寿命，通常需要对打印机进行日常的维护与保养。其实对于3D打印机来说，不需要专门的维护。但是有的机器部件特别是一些不断运动的部分，随着运行时间的增加会出现一定的磨损。如果想使机器一直处于良好的运行状态，则应该注意日常的保养，谨记一些注意事项，尽量避免打印过程中出现异常。

（1）调整传动带松紧度

一般来说，传动带不能太松，但也不能太紧，不要给电动机轮轴和滑轮太多的压力。传动带安装好之后，感觉一下转动滑轮是否有太多的阻力。当拉动传动带时，如果传动带发出比较响的声音，则表明传动带太紧了。3D打印机运转时应该几乎是无声的。如果电动机发出噪声，则表明传动带太紧。但如果传动带自然下垂，则表示传动带过松。

传动带的松紧机制取决于固定电动机的插槽。很多3D打印机选用插槽而不是固定的圆孔，这可以让电动机平行于滑动轴转动。拧松螺钉，移动电动机，可以调整传动带的松紧度，当达到适当的程度时，再拧紧螺钉。

（2）清理X、Y和Z杆

当机器运行起来振动有些大时，需要清理滑杆。所有的滑杆在没有任何振动的情况下，保证能够平行滑动，添加一些润滑油可以清理滑杆，减少摩擦，使套管和滑杆之间的磨损最小化。

3D打印机的Z轴是很重要的，它控制着打印工件的高度、厚度。它的精度是由母件与丝轴配合来决定的。一般3D打印机（立体成型机）的Z轴与母件的配合精度为0.05mm，所以在Z轴上不可有污物或油泥。Z轴的母件中间有润滑油，两端有自清洁母件，但清洁能力不够，还需要人为清理，半年清理一次。清理方法很简单，用干净的牙刷横向轻扫Z轴，从上至下即可，不要用布或者纸类，否则会有残留线头或纸屑，影响Z轴转动。

（3）绷紧螺栓

螺栓可能会慢慢地变松，特别是在X、Y、Z轴上。变松的螺栓可能会引起一些问题或者噪声。如果遇到这样的问题，则拿工具把螺栓拧紧即可。

（4）保护打印平台

在打印平台上贴上胶带，这样可以防止从平台取下打印物体时破坏平台上的贴膜。如果取下物体时不小心将胶带划坏，则只需要将坏胶带揭下，然后重新贴上即可。

（5）注意事项

① 机器在正常打印过程中不能直接断电，如果需要停电，则先关闭系统，再关闭电源。

② 机器的顶盖要先关闭才能进行打印，机器在运行状态下，切勿开盖。

③ 加换材料时，先暂停打印，然后换上新的材料盒，关上材料抽屉再继续打印。如果在打印进行中而又不暂停打印就进行加换材料盒，则必须在1min之内装上材料并关上材料抽屉。

④ 清理托盘上的残余材料及灰尘时，应避免将其清入机器内部及打印头，从而导致器件破坏。

⑤ 如果需要在晚上或者周末打印时，要有"工作中，勿断电"的提示，以免被误断电。

⑥ 3D打印机的固件也需要经常进行升级，以保证其长期的正常运作。